高等职业教育创客教育系列教材

产品数字化设计与3D打印

主编　卢香利　龚小寒　李宏策
参编　李　学　贺柳操　王　弦　李文卫

机械工业出版社
CHINA MACHINE PRESS

本书主要内容分为四篇，即理论知识篇、正向设计与3D打印篇、逆向设计与3D打印篇、综合训练篇。项目1为理论知识篇，分为3个任务，主要介绍数字化设计与制作、逆向设计、3D打印相关的理论知识。项目2及项目3为正向设计与3D打印篇，以骰子、中国象棋作为项目载体，介绍正向设计与3D打印的一般流程，包括在UG软件中进行三维建模、参数化建模、3D打印等内容。项目4为逆向设计与3D打印篇，以国际象棋作为项目载体，介绍逆向设计与3D打印的一般流程，包括三维扫描、逆向设计、3D打印等内容。项目5为综合训练篇，以电吹风手柄作为项目载体，综合应用逆向设计、正向设计、3D打印等内容，解决实际应用中的问题。本书在内容安排上将正向设计、逆向设计、3D打印、创新创意等融会贯通，最终转化为工作中各种所需技能。

本书可作为高等职业院校机械大类的教学用书，也可作为相关从业人员的业务参考用书及"1+x"增材制造模型设计培训用书，还可作为各类学校创客类课程的培训教材。

图书在版编目（CIP）数据

产品数字化设计与3D打印/卢香利，龚小寒，李宏策主编. — 北京：机械工业出版社，2021.6（2024.1重印）
高等职业教育创客教育系列教材
ISBN 978-7-111-68507-4

Ⅰ.①产… Ⅱ.①卢… ②龚… ③李… Ⅲ.①产品设计-数字化-高等职业教育-教材②立体印刷-印刷术-高等职业教育-教材 Ⅳ.①TB472-39②TS853

中国版本图书馆CIP数据核字（2021）第118033号

机械工业出版社（北京市百万庄大街22号　邮政编码100037）
策划编辑：赵志鹏　　　　　责任编辑：赵志鹏
责任校对：张玉静　史静怡　　封面设计：马精明
责任印制：单爱军
北京虎彩文化传播有限公司印刷

2024年1月第1版第4次印刷
184mm×260mm·9.75印张·230千字
标准书号：ISBN 978-7-111-68507-4
定价：49.80元

电话服务　　　　　　　　　网络服务
客服电话：010-88361066　　机　工　官　网：www.cmpbook.com
　　　　　010-88379833　　机　工　官　博：weibo.com/cmp1952
　　　　　010-68326294　　金　　书　　网：www.golden-book.com
封底无防伪标均为盗版　　　机工教育服务网：www.cmpedu.com

前　言

Preface

　　本书根据人才培养的目标及课程标准的要求，采用项目化的编写方式（项目下分任务，任务下分活动），每个任务主要包括学习目标、任务描述、任务分析、知识链接、任务实施、项目测评等内容。项目载体选择了生活中的常见物品：骰子、中国象棋、国际象棋，这样可以极大地调动学生的学习兴趣。最后一个综合训练的载体为电吹风，根据2019年中国技能大赛（第十七届全国机械行业职业技能竞赛）工具钳工大项中原型创新设计与制造赛项的题目进行设计，整体设计符合职业院校学生的学习特点，可引导学生进行探究式学习。

　　本书分为5个项目，15个任务。其中，项目1为理论知识篇，分为3个任务，主要介绍数字化设计与制作、逆向设计、3D打印相关的理论知识。项目2及项目3为正向设计与3D打印篇，以骰子、中国象棋作为项目载体，介绍正向设计与3D打印的一般流程，包括在UG软件中进行三维建模、参数化建模、3D打印等内容。项目4为逆向设计与3D打印篇，以国际象棋作为项目载体，介绍逆向设计与3D打印的一般流程，包括三维扫描、逆向设计、3D打印等内容。项目5为综合训练篇，以电吹风手柄作为项目载体，综合应用逆向设计、正向设计、3D打印等内容，解决实际应用中的问题。5个项目共采用了3种常见品牌的3D打印机，通过项目实践，介绍了FDM及SLA两种最常见的3D打印成型技术。

　　在教学方式上建议采用理实一体化教学模式，根据需要配备扫描仪、3D打印机及计算机，建议课程安排在第二学年下学期，48课时。

　　参加本书编写的有湖南机电职业技术学院的卢香利、龚小寒、李宏策、李学、贺柳操、王弦及李文卫。其中全书的主体内容及框架由卢香利负责，同时卢香利负责项目2、3、5的编写，龚小寒负责项目4的编写，李宏策负责项目1的编写，李学、贺柳操、王弦、李文卫对项目载体的选取、内容的编排等提供了大量的帮助。同时，对在编写过程中给予帮助的唐萌、刘笑笑、刘彤、陈斌等老师表示感谢。

　　由于编者水平有限，书中难免存在不足之处，恳请广大读者批评指正。

编　者

二维码索引

（续）

目　录 Contents

理论知识篇

正向设计与
3D 打印篇

逆向设计与 3D 打印篇

综合训练篇

参考文献

理论知识篇

走近数字化设计与 3D 打印

主要内容

本项目主要介绍数字化设计与制作的主要内容，数字化设计与制作的流程，逆向设计的一般流程，三维扫描的形式，逆向设计的软件种类，以及 3D 打印的种类、特点及应用。

任务 1　认识数字化设计与制作

学习目标

◉ **知识目标**

1. 了解数字化设计与制作的主要内容。
2. 了解数字化设计与制作的一般流程。

◉ **能力目标**

1. 能够理解 CAD、CAE、CAM、CAPP、PDM、ERP、RE、RP 等概念的含义。
2. 掌握数字化设计与制作的流程。

活动 1　了解数字化设计与制作的内容

人类把图形作为认识自然，表达、交流思想的主要形式之一，并一直致力于研究各领域中图形的最佳表达方式。最初的产品设计，是设计人员利用绘图板与尺直接在图纸上制作工程图。1795 年，法国科学家蒙日系统地提出了以投影几何为主线的画法几何，把工程图的表达与绘制高度规范化、唯一化，从而使画法几何成为工程图的语法，从此人们一直利用工程图进行产品的设计。由于这些工程图直接在纸面上绘制，给设计带来了极大的不便，当系列产品中的每种零件结构形状或尺寸发生变化时，需要重新进行绘制，大大增加了劳动强度，降低了生产效率。20 世纪 70 年代，研究人员开发了通过计算机帮助工程技术人员进行产品设计的计算机辅助设计工具——CAD 软件系统，产品的设计由此跨入数字化时代。数字化产品设计经历了从二维到三维发展的过程，同时也出现了数字化产品协调管理技术与产品数据全生命周期管理技术，并向更高的知识管理技术发展。

通俗地说，数字化就是将许多复杂多变的信息转变为可以度量的数字、数据，再以这些数字、数据建立起适当的数字化模型，把它们转变为一系列二进制代码，引入计算机内部，进行统一处理，这就是数字化的基本过程。数字化设计与制造的内涵丰富，主要包括以下方面。

1. CAD——计算机辅助设计

CAD 在早期是英文 Computer Aided Drawing（计算机辅助绘图）的缩写，随着计算机软、硬件技术的发展，人们逐步地认识到单纯使用计算机绘图还不能称之为计算机辅助设计。真正的设计是整个产品的设计，它包括产品的构思、功能设计、结构分析、加工制造等，二维工程图设计只是产品设计中的一小部分。于是，CAD 的缩写由 Computer Aided Drawing 改为 Computer Aided Design，CAD 也不再仅仅是辅助绘图，而是协助创建、修改、分析和优化的设计技术。

2. CAE——计算机辅助工程分析

CAE（Computer Aided Engineering）通常指有限元分析和机构的运动学及动力学分析。有限元分析可完成力学分析（线性、非线性、静态、动态）、场分析（热场、电场、磁场等）、频率响应和结构优化等。机构分析能完成机构内零部件的位移、速度、加速度和力的计算，机构的运动模拟及机构参数的优化。

3. CAM——计算机辅助制造

CAM（Computer Aided Manufacture）是计算机辅助制造的缩写，能根据 CAD 模型自动生成零件加工的数控代码，对加工过程进行动态模拟、同时完成在实现加工时的干涉和碰撞检查。CAM 系统和数字化装备结合可以实现无纸化生产，为 CIMS（计算机集成制造系统）的实现奠定了基础。CAM 中最核心的技术是数控技术，通常零件结构采用空间直角坐标系中的点、线、面的数字量表示，CAM 就是用数控机床按数字量控制刀具运动，完成零件加工。

4. CAPP——计算机辅助工艺设计

CAPP（Computer Aided Process Planning）是计算机辅助工艺设计的缩写，即利用计算机来进行零件加工工艺过程的制订，把毛坯加工成工程图纸上所要求的零件。它是通过向计算机输入被加工零件的几何信息（形状、尺寸等）和工艺信息（材料、热处理、批量等），由计算机自动输出零件的工艺路线和工序内容等工艺文件的过程。

5. PDM——产品数据库管理

随着 CAD 技术的推广，原有技术管理系统难以满足要求。在采用计算机辅助设计以前，产品的设计、工艺和经营管理过程中涉及的各类图纸、技术文档、工艺卡片、生产单、更改单、采购单、成本核算单和材料清单等均由人工编写、审批、归类、分发和存档，所有的资料均通过技术资料室进行统一管理。自从采用计算机技术之后，上述与产品有关的信息都变成了电子信息。简单地采用计算机技术模拟原来人工管理资料的方法往往不能从根本上解决先进的设计制造手段与落后的资料管理之间的矛盾。要解决这个矛盾，必须采用 PDM 技术。

PDM（Product Data Management）即产品数据管理，是从管理 CAD/CAM 系统的高度上诞生的先进的计算机管理系统软件。它管理的是产品整个生命周期内的全部数据。工程技术人员根据市场需求设计的产品图纸和编写的工艺文档仅仅是产品数据中的一部分。PDM 系统除了要管理上述数据外，还要对相关的市场需求、分析、设计与制造过程中的全部更改历程、用户使用说明及售后服务等数据进行统一有效的管理。PDM 重点关注的是研发设计环节。

6. ERP——企业资源计划

ERP(Enterprise Resource Planning) 即企业资源计划，是指建立在信息技术基础上，对企业的所有资源（物流、资金流、信息流、人力资源）进行整合集成管理，采用信息化手段实现企业供销链管理，从而达到对供应链上的每一环节实现科学管理。

ERP 系统集信息技术与先进的管理思想于一身，成为现代企业的运行模式，反映时代对企业合理调配资源，最大化地创造社会财富的要求，成为企业在信息时代生存、发展的基石。在企业中，一般的管理主要包括三方面的内容：生产控制（计划、制造）、物流管理（分销、采购、库存管理）和财务管理（会计核算、财务管理）。

7. RE——逆向工程

RE(Reverse Engineering) 即逆向工程，对实物作快速测量，并反求为可被 3D 软件接受的数据模型，快速创建数字化模型（CAD），进而对样品作修改和详细设计，达到快速开发新产品的目的。

8. RP——快速成型

RP（Rapid Prototyping）即快速成型技术，被认为是近年来制造技术领域的一次重大突破，其对制造业的影响可与数控技术的出现相媲美。不同种类的快速成型系统因所用成型材料不同，成型原理和系统特点也各有不同。但是，其基本原理都是一样的，那就是"分层制造，逐层叠加"，它可以在无需准备任何模具、刀具和工装卡具的情况下，直接接受产品设计（CAD）数据，快速制造出新产品的样件、模具或模型。因此，RP 技术的推广应用可以大大缩短新产品开发周期、降低开发成本、提高开发质量。

活动2　了解数字化设计与制作的流程

早期设计师在进行产品的造型设计时，主要采用正向设计的方法，这是一个从概念设计起步到 CAD 建模与仿真、传统制造（数控编程、数控加工）的过程。但对于复杂的产品，正向设计的方法显示出了它的不足，设计过程难度系数大、周期较长、成本高，尤其是样机的生产需要花费较长的时间。目前由于快速成型技术的发展，可以通过3D打印的工艺对样机进行快速制造，能够及时针对制作出的产品进行修改，缩短了新产品开发的流程。正向设计一般流程如图1-1所示。

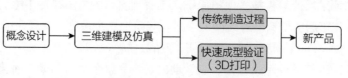

图1-1 正向设计流程图

逆向设计通常是根据正向设计概念所产生的产品原始模型或者已有产品来进行改良，通过对产生问题的模型进行直接的修改、试验和分析得到相对理想的结果，然后再根据修正后的模型或样件通过扫描和造型等一系列方法得到最终的三维模型。逆向设计出来的产品也可以通过3D打印快速制作出产品，针对制作出的产品进行修改，缩短了新产品开发的流程。逆向设计一般流程如图1-2所示。

图1-2 逆向设计流程图

数字化设计与制作过程中的一个核心内容就是设计软件的应用，常见的三维软件有很多，如Siemens NX、CATIA、PTC Creo、SolidWorks等，本书中主要使用Siemens公司的UG（Unigraphics NX）软件，UG是一个交互式CAD/CAM(计算机辅助设计与计算机辅助制造)系统，它功能强大，可以轻松实现各种复杂实体及造型的建构。该软件涉及数字化设计与制造的多个过程，如三维模型创建、参数化设计、运动学及动力学仿真、数控编程等。

任务2 认识逆向设计

学习目标

◎ **知识目标**

1. 了解逆向设计。

2. 了解三维扫描的形式。

3. 了解逆向设计的软件种类。

◎ **能力目标**

1. 能够根据需求选择逆向设计方法。

2. 能够根据需求选择合适的逆向设计软件。

活动 1　了解逆向设计

逆向工程，又名反向工程或反求工程，是对产品设计过程的一种描述。逆向工程产品设计即逆向设计是一个从产品到设计的过程，根据已经存在的产品，反向推出产品设计数据（包括各类设计图或数据模型）的过程。随着计算机辅助设计的流行，逆向工程变成了一种能根据现有的物理部件通过 CAD、CAM、CAE 或其他软件构筑 3D 虚拟模型的方法。

逆向设计过程是指设计人员对产品实物样件表面进行数字化处理（数据采集、数据处理），并利用可实现逆向三维造型设计的软件来重新构造实物的三维 CAD 模型（曲面模型重构），并进一步用 CAD/CAE/CAM 系统实现分析、再设计、数控编程、数控加工或快速成型的过程。逆向设计通常是应用于产品外观表面的设计。

在逆向设计的各个环节中，数据采集、数据处理、模型重构是产品逆向设计的三大关键环节。

1. 数据采集

数据采集也称三维扫描，主要用于对物体空间外形、结构进行扫描，以获得物体表面的空间坐标。通过此过程，能够将物体的立体信息转换为计算机能够直接处理的数字化信号，为实物数字化提供了方便快捷的手段。数据采集是进行产品逆向设计的第一步。三维扫描技术能实现非接触测量，具有速度快、精度高的优点，而且其测量结果能直接与多种软件兼容，应用日益广泛。

2. 数据处理

三维测量设备获取的物体三维数字化信息主要为空间离散的三维坐标信息，在模型重构前需要对获取的数据信息进行处理，以获得完整、准确的点云数据，数据处理的结果将影响模型重构的质量。在此阶段一般应进行点云去噪、点云光顺、点云采样等工作。

3. 模型重构

模型重构也就是通常所说的逆向造型过程，即将处理好的数据还原模型特征用于设计修改、加工或 3D 打印。三维模型重构一般有以下两种重构方法。

（1）对于表面复杂但精度要求较低的产品（如艺术品等）的逆向设计，常采用基于三角面片的方式直接建模。

（2）对于表面复杂但精度要求较高的产品的逆向设计，常采用拟合曲面或者参数曲面的方式建模，以点云为依据，通过构建点、线、面等元素，还原初始三维模型。

活动 2　了解三维扫描

三维扫描是指集光、机、电和计算机技术于一体的高新技术，主要用于对物体空间外形和结构进行扫描，以获得物体表面的空间坐标，它的重要意义在于能够将实物的立体信息转换为计算机能直接处理的数字信号，为实物数字化提供了相当方便快捷的手段。用三维扫描仪对样品、模型进行扫描，可以得到其立体尺寸数据，这些数据能直接用于 CAD/CAM 软件，在 CAD 系统中可以对数据进行调整、修补，再送到传统加工设备或快速成型设备上制造，可以极大地缩短产品制造周期。

三维扫描仪的用途是创建物体几何表面的点云（point cloud），这些点可用来插补成物体的表面形状，越密集的点云可以创建更精确的模型（这个过程称作三维重建）。三维扫描仪分为接触式（contact）与非接触式（non-contact）两种，后者又可分为主动扫描（active）与被动扫描（passive）两种。

1. 接触式扫描

接触式三维扫描仪透过实际触碰物体表面的方式计算深度，如坐标测量机即是典型的接触式三维扫描仪。此方法相当精确，常被用于装备制造产业，然而因其在扫描过程中必须接触物体，待测物有遭到探针破坏损毁的可能，因此不适用于高价值对象，如古文物、遗迹等的重建作业。此外，相较于其他方法，接触式扫描需要较长的时间。

2. 非接触式扫描

非接触主动式扫描是指将额外的能量投射至物体，借由能量的反射来计算三维空间信息。常见的投射能量有一般的可见光、高能光束、超音波与 X 射线。如手持激光扫描仪就是常见的一种非接触主动式扫描，通过手持式设备，其对待测物发射出激光光点或线性激光。以两个或两个以上的侦测器（电偶组件或位置感测组件）测量待测物的表面到手持激光设备的距离，通常还需要借助特定引用点（通常是具黏性、可反射的贴片）用来当作扫描仪在空间中定位及校准使用。这些扫描仪获得的数据会被导入计算机中，并由软件转换成 3D 模型。手持式激光扫描仪，通常还会综合被动式扫描（可见光）获得的数据（如待测物的结构、色彩分布），建构出更完整的待测物 3D 模型。

非接触被动式扫描仪本身并不发射任何辐射线（如激光），而是以测量由待测物表面反射的周遭辐射线的方法，达到预期的效果。由于环境中的可见光辐射是相当容易获取并利用的，大部分这类型的扫描仪以侦测环境的可见光为主。但相对于可见光的其他辐射线，如红外线，也是能被应用于这项用途的。因为大部分情况下，被动式扫描法并不需要规格太特殊的硬件支持，这类被动式产品往往相当便宜。

活动 3 了解逆向设计软件

逆向设计中重要的环节是通过对测量数据的处理，提取模型所需的表征零件形状特征的数据。基于特征的模型重建的研究主要集中在特征识别，包括边界曲线和曲面，这需要通过相关的软件还原特征以及特征间的约束。

除了常用的综合性三维设计软件如 Siemens NX、CATIA 等可以进行正向、逆向设计外，还有一些软件如 Geomagic Wrap、Geomagic Design X、Imageware 等专门用于逆向设计，下面进行简单的介绍。

1. Geomagic Wrap

Geomagic Wrap（即 Geomagic Studio）是由美国 Geomagic 公司出品的逆向工程和三

維检测软件，其数据处理的流程为点阶段—多边形阶段—曲面阶段，可轻易地从扫描所得的点云数据创建出多边形模型和网格，并可自动转换为 NURBS 曲面。Geomagic Wrap 软件在三维扫描后的数据处理方面具有明显的优势，本书后续任务中将会采用此软件进行前期的数据处理。

2. Geomagic Design X

Geomagic Design X 是 Geomagic 推出的一款正逆向结合建模工具，兼有逆向建模软件的采集原始扫描数据并进行预处理的功能和正向建模软件的正向参数化编辑、设计功能。Geomagic Design X 软件相对于其他逆向建模软件的优势在于融合了逆向建模技术和正向设计方法的长处，在一个完整的软件包中无缝结合了即时扫描数据 (点云或网格面) 编辑处理、二维截面草图创建、特征识别及提取、正向建模和装配构造等功能，体现了逆向工程技术发展的最新成果。本书后续任务中将采用此软件进行逆向建模。

3. Imageware 软件

Imageware 软件由美国 EDS 公司出品，具有强大的测量数据处理、曲面造型和误差检测功能，被广泛应用于汽车、航天、家电、模具、计算机零部件等设计与制造领域。Imageware 软件采用四边域曲面重构的方法来进行曲面模型的构建，即可表达和设计复杂的自由曲线、曲面，又可精确表示圆锥曲线、曲面，且进行曲面重构和一般的 CAD 系统兼容性好，可直接利用现有 CAD 系统的许多功能，便于和其他 CAD 系统进行数据交换。它处理数据的流程遵循点—曲线—曲面原则，流程简单清晰，软件易于使用。

任务 3　认识 3D 打印

学习目标

◉ 知识目标
1. 了解 3D 打印的种类。
2. 了解 3D 打印的特点。
3. 了解 3D 打印的应用。

◉ 能力目标
1. 能够区分常见的 3D 打印方法。
2. 能够根据使用场合选择适用的 3D 打印方法。

活动 1　了解 3D 打印的分类

快速成型是 20 世纪 80 年代末及 90 年代初发展起来的新兴制造技术，是由三维 CAD

模型直接驱动的快速制造任意复杂形状三维实体的总称。它把复杂的三维制造转化为一系列二维制造的叠加，可以在不用模具和工具的条件下生成几乎任意复杂的零部件，极大提高了生产效率和制造柔性。3D打印是快速成型技术的一部分，它是一种以数字模型文件为基础，运用各种不同形态的（粉末状、丝状、液体）金属、塑料或树脂等可黏合材料，通过逐层堆叠累积的方式来构造物体的技术。

3D打印是增材制造（Additive Manufacturing，AM）的主要实现形式，是一种采用材料逐渐累加的方法制造实体零件的技术，相对于传统的材料去除加工技术，是一种"自下而上"的制造方法。

目前3D打印的主要成型工艺方法很多，下面介绍五种常见的工艺。

1. 熔融沉积成型（FDM：Fused Deposition Modeling）

熔融沉积成型将材料在喷头内加热熔化，喷头沿零件截面轮廓和填充轨迹运动，同时将熔化的材料挤出，材料迅速固化，并与周围的材料黏结。每一个层片都是在上一层上堆积而成，上一层对当前层起到定位和支撑的作用，如图1-3所示。熔融沉积成型(FDM)工艺的材料一般是热塑性材料，如ABS、PLA、尼龙等，以丝状供料。

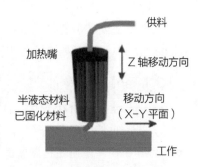

图1-3　熔融沉积成型原理图

2. 光固化成型（SLA：Stereo Lithography Apparatus）

光固化成型是最早出现的快速成型工艺，其原理是基于液态光敏树脂的光聚合原理。光固化成型工艺以液态光敏树脂为原材料，通过计算机控制紫外激光器按预定的零件逐个分层截面的轮廓轨迹对液体树脂逐点扫描，使被扫描区的树脂薄层产生光聚合（固化）反应，从而形成零件的一个薄层截面。完成一个扫描区域的液态光敏树脂固化层后工作台下降一个层厚，在固化好的树脂表面再铺上一层新的液态光敏树脂，然后重复扫描、固化，新固化的一层牢固黏接在上一层上，如此反复直至完成整个零件的固化成型，如图1-4所示。光固化成型是目前研究得最多的方法，也是技术上最为成熟的方法，一般层厚在0.1mm到0.15mm，成型的零件精度较高。

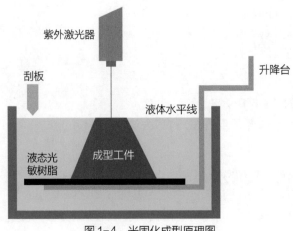

图1-4　光固化成型原理图

3. 三维打印成型（3DP：Three Dimensional Printing）

三维打印成型 (3DP) 是 20 世纪 80 年代末由美国麻省理工学院开发的一种基于微滴喷射的技术，该技术采用类似于喷墨打印机的独特喷墨技术，只是将喷墨打印机墨盒中的墨水换成了液体黏结剂或者成型树脂。喷头将黏结剂按照之前设计的模型数据逐层喷射出来，将成型材料凝结成二维截面，重复此过程，并将各个截面堆积并重叠黏接在一起，最后得到所需要的完整的三维模型，如图 1-5 所示。

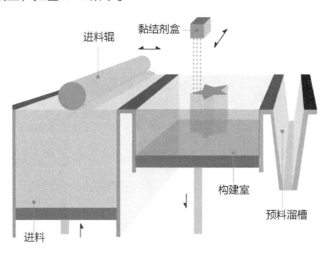

图 1-5　三维打印成型原理图

4. 选择性激光烧结成型（SLS：Selective Laser Sintering）

选择性激光烧结成型（SLS）又称粉末烧结，由美国德克萨斯大学奥斯汀分校于 1989 年研制成功。SLS 工艺是利用粉末状材料成型，将粉末材料预热至材料熔融温度以下 2~3℃，然后根据实体的几何形体各层截面的扫描轨迹参数，在计算机的控制下，激光以一定的扫描速度和能量密度有选择地对材料粉末分层扫描。材料粉末在高强度的激光照射下被烧结在一起，得到零件的截面，并与下面已成型的部分粘接；当一层截面烧结完后，电机驱动工作台下降一个层厚的高度，用铺粉机构将新粉末均匀铺放在前一固化层上，再进行下一层扫描烧结，新的一层和前一层烧结在一起，如此层层叠加，最终生成所需的三维实体制件。原理如图 1-6 所示。

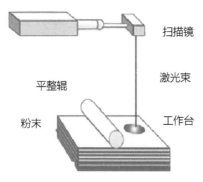

图 1-6　激光烧结原理图

5. 分层实体制造（LOM：Laminated Object Manufacturing）

分层实体制造（LOM）由美国 Helisys 公司于 1986 年研制成功。LOM 工艺采用薄片材料，如纸、塑料薄膜等。事先在片材表面单面涂覆上一层热熔胶，通过热压辊的压力和传热作用使材料表面达到一定温度，热熔胶熔化，使薄片黏合在一起。随后位于其上方的激光切割器按照 CAD 模型切片分层所获得的数据，将薄片材料切割出零件在该层的内外轮廓。激光切割器每加工完一层后，工作台下降相应的高度，然后再将新的一层片层材料叠加在上面，重复前述过程。如此反复，逐层堆积生成三维实体。非原型实体部分被切割成网格，保留在原处，起支撑和固定作用，制件加工完毕后，可用工具将其剥离。原理如图 1-7 所示。

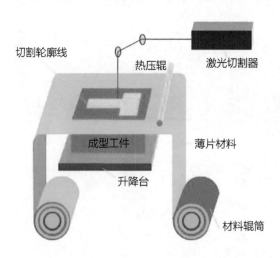

图 1-7　分层实体制造原理图

活动 2　了解 3D 打印的特点

3D 打印技术经过多年的发展，技术上已基本上形成了一套体系，可应用的行业也逐渐扩大，从产品设计到模具设计与制造。材料工程、医学研究、文化艺术、建筑工程等都逐渐使用 3D 打印技术，使得 3D 打印技术的发展有着广阔的前景。

与传统的切削加工方法相比，3D 打印技术主要有以下特点。

1. 制造效率高

从 CAD 数字设计或实体扫描获得的数据到制成成品，一般仅需要数小时或十几小时，速度比传统成型加工方法快得多。在新产品开发过程中改善了设计过程的人机交流，缩短了产品设计与开发周期，大大降低了新产品的开发成本和企业研制新产品的风险。

2. 由 CAD 模型直接驱动

无论哪种 3D 打印工艺，其材料都是通过逐点、逐层以添加的方式累积成型的，也都是通过 CAD 数字模型直接或间接地驱动 3D 打印设备进行制造的。这种由 CAD 数字模型直接或间接地驱动快速成型设备系统的原形制作过程也决定了其制作快速和自由成型的特征。

3. 无须组装

3D 打印能使部件一体化成型。传统的大规模生产建立在组装线基础上，在现代工厂，机器生产出相同的零部件，然后由机器人或工人组装。产品组成部件越多，组装耗费的时间和成本就越多。3D 打印机通过分层制造可以同时打印一扇门及上面的配套铰链，不需要组装。省略组装就缩短了供应链，节省了在劳动力和运输方面的成本。

4. 非技能制造

传统工人一般需要一年或几年的学徒才能熟练掌握所需要的技能。3D 打印制作过程降低了对技能的要求，然而传统的制造机器仍然需要熟练的专业人员进行机器调整和校准。3D 打印机从设计文件里获得各种指示，做同样复杂的物品，3D 打印机所需要的操作技能比注塑机少。非技能制造开辟了新的商业模式，并能在远程环境或极端情况下为人们提供新的生产方式。

5. 材料无限组合

对当今的制造机器而言，将不同原材料结合成单一产品是件难事，因为传统的制造机器在切割或模具成型过程中不能轻易地将多种原材料融合在一起。随着多材料 3D 打印技术的发展，人们有能力将不同原材料融合在一起。以前无法混合的原料混合后将形成新的材料，这些材料色调种类繁多，具有独特的属性或功能。

6. 精确的实体复制

未来，3D 打印将数字精度扩展到实体世界。扫描技术和 3D 打印技术将共同提高实体世界和数字世界之间形态转换的分辨率，我们可以扫描、编辑和复制实体对象，创建精确的副本甚至优化原件。

3D 打印技术由于其技术特点，其缺点也比较明显。任何一个产品都应该具有功能性，而如今由于受材料等因素限制，通过 3D 打印制造出来的产品在实用性上要打一个问号。

强度问题：房子、车子固然能"打印"出来，但是否能抵挡得住风雨，是否能在路上顺利行驶，与传统工艺相比，其强度方面还是有一定的差距。

精度问题：由于分层制造存在"台阶效应"，每个层次虽然很薄，但在一定微观尺度下，仍会形成具有一定厚度的一级级"台阶"。

材料的局限性：目前，供 3D 打印机使用的材料主要包括工程塑料、光敏树脂、橡胶类材料、金属材料和陶瓷材料等。除此以外，石膏材料、人造骨粉、细胞生物原料等材料也在 3D 打印领域得到了应用。但是，总的来说，3D 打印能够使用的材料只占材料种类中极少的一部分，材料的局限性大大限制了 3D 打印的使用范围。

◉ 活动 3　了解 3D 打印的应用

目前，3D 打印技术已在工业造型、机械制造、航空航天、军事、建筑、影视、家电、轻工、医学、考古、文化艺术、雕刻、首饰等领域得到了广泛应用，并且随着这一技术本身的发展，其应用领域将不断拓展。3D 打印技术的实际应用主要集中在以下几个方面。

1. 产品设计领域

在新产品造型设计过程中，应用 3D 打印技术为工业产品的设计开发人员建立了一种崭新的产品开发模式。运用 3D 打印技术能够快速、直接、精确地将设计思想转化为具有一定功能的实物模型（样件），这不仅缩短了开发周期，而且降低了开发费用，也使企业在激烈的市场竞争中占有先机。

2. 机械制造领域

由于 3D 打印技术自身的特点，使其在机械制造领域获得广泛的应用，多用于单件、小批量金属零件的制造。有些特殊复杂制件，由于只需单件或小批量生产，一般均用 3D 打印技术直接进行成型，成本低，周期短。

3. 模具制造领域

例如玩具制作等传统的模具制造领域，往往模具生产时间长、成本高，将 3D 打印技术与传统的模具制造技术相结合，可以大大缩短模具制造的开发周期，提高生产率，是解决模具设计与制造薄弱环节的有效途径。3D 打印技术在模具制造方面的应用可分为直接制模和间接制模两种，直接制模是指采用 3D 打印技术直接堆积制造出模具，间接制模是先制出快速成型零件，再由零件复制得到所需要的模具。

4. 航天技术领域

在航空航天领域中，空气动力学地面模拟实验（即风洞实验）是设计性能先进的天地往返系统（即航天飞机）必不可少的重要环节。该实验中所用的模型形状复杂、精度要求高、又具有流线型特性，采用 3D 打印技术，根据 CAD 模型，由 3D 打印设备自动完成实体模型，能够很好地保证模型质量。

5. 建筑设计领域

建筑模型的传统制作方式，渐渐无法满足高端设计项目的要求。如今众多设计机构的大型设施或场馆都利用 3D 打印技术先期构建精确建筑模型来进行效果展示与相关测试，3D 打印技术所发挥的优势和无可比拟的逼真效果为设计师所认同。

6. 医学领域

近几年来，人们对 3D 打印技术在医学领域的应用研究较多。以医学影像数据为基础，利用 3D 打印技术制作人体器官模型，对外科手术有极大的应用价值。

7. 文化艺术领域

在文化艺术领域，3D 打印技术多用于艺术创作、文物复制、数字雕塑等。

3D 打印技术的应用很广泛，可以相信，随着 3D 打印技术的不断成熟和完善，它将会在越来越多的领域得到推广和应用。

项目测评

一、单选题

1. 计算机辅助设计的简称是（　　　　）。
    A. CAD   B. CAE
    C. CAM   D. CAPP
2. 逆向设计的软件不包括（　　　　）。
    A. Geomagic Wrap   B. Imageware
    C. Geomagic Design X   D. Auto CAD
3. 3D 打印的工艺不包括（　　　　）。
    A. FDM   B. SLA   C. STL   D. 3DP

二、简答题

1. 3D 打印的优点有哪些？
2. 3D 打印的应用有哪些领域？

正向设计与 3D 打印篇

项目 2　骰子的数字化设计与 3D 打印

主要内容

　　骰子是我们平时游戏中经常用到的工具，但由于其体积较小，经常容易丢失。丢失后的小麻烦如何解决呢？本项目介绍了如何设计骰子，并通过 3D 打印机进行打印。

　　本项目还介绍了 UG 中最常用的一些建模命令，以及从数字化设计到 3D 打印的一般流程。

任务 1　骰子的数字化设计

学习目标

◉ **知识目标**

1. 熟悉 UG 中常用的拉伸、球、阵列特征等命令的使用。

2. 熟悉在 UG 中进行数字化建模的一般流程。

◉ **能力目标**

1. 能够在 UG 中进行骰子的数字化设计。

2. 能够较熟练掌握 UG 中常用建模命令。

Ⅲ 任务描述

应用三维设计软件，设计平时游戏中经常用到的骰子模型，骰子的风格、尺寸等可以自己确定，但要考虑到后续 3D 打印的特点，如设计尺寸越大，所需打印时间也会越长。

Ⅲ 任务分析

本任务采用 UG 软件进行三维数字化建模，分析骰子的结构特点，设计过程中会涉及软件建模模块中拉伸、球、阵列特征等命令，要能够根据需要灵活选用布尔运算的各种方式。

Ⅲ 知识链接

骰子 (tóu zi)，又称色子 (shǎi zi)，是中国传统民间娱乐用来投掷的器具，如图 2-1 所示。早在战国时期就有，古时候是用骨头、木头等制成的立体小方块。骰子最早产生时形状各异，上有各种刻纹，后来则统一为立方体或长方体，六面分别刻一、二、三、四、五、六点，其相对两面数字之和必为七。中国的骰子习惯在一点和四点漆上红色。理论上造型均匀的骰子掷出以后各面朝上的概率均等，由于骰子容易制作和取得，因此被广泛用于作为桌上游戏的小道具。

图 2-1　骰子图片

Ⅲ 任务实施

活动　骰子的建模

骰子的主体为正方体，各棱边及顶点处光滑，可用正方体与球布尔求交得到。骰子六面分别有一、二、三、四、五、六点，这些点可采用在骰子主体上与点所在的对应位置的球求差得到。因此，骰子的整个设计过程中主要用到拉伸、球、阵列特征和布尔运算等，步骤较简单。以下设计过程中设定骰子的边长为30，骰子尺寸的确定除考虑要满足实际使用需求外，主要考虑到骰子的尺寸与打印时间相关，尺寸越大，打印时间越长。骰子的数字化设计的详细步骤如下。

骰子建模

Step 1　启动 NX 12.0，选择下拉菜单【文件】|【新建】命令，系统弹出【新建】对话框。在【模板】选项卡中选取模板类型为【模型】，在【名称】文本框中输入文件名称骰子 .prt。单击【确定】按钮，进入建模环境，如图 2-2 所示。

Step 2　选择下拉菜单【插入】|【草图】命令，弹出【创建草图】对话框，选择 XOY 平面，单击【确定】按钮，在 XOY 平面绘制一个边长为 30 的正方形，如图 2-3 所示，单击"完成草图"。

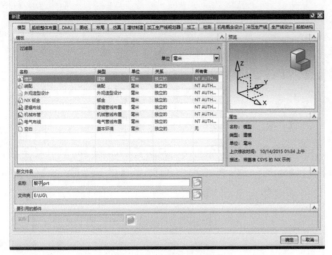

图2-2 【新建】对话框

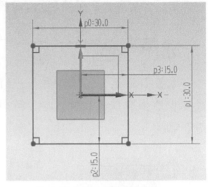

图2-3 草图绘制圆

Step 3 选择下拉菜单【插入】|【设计特征】|【拉伸】命令，选择 Step2 绘制的正方形为截面，限制栏中结束选中"对称值"，距离输入"15"，如图 2-4 所示，单击【确定】按钮进行拉伸。

Step 4 选择下拉菜单【插入】|【设计特征】|【球】命令，中心点坐标设置为（0,0,0），直径为 42，布尔选择"求交"，单击【确定】按钮，结果如图 2-5 所示。

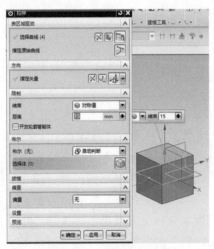

图2-4 【拉伸】对话框

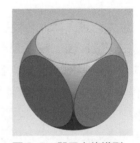

图2-5 骰子主体模型

Step 5 选择下拉菜单【插入】|【设计特征】|【球】命令，中心点坐标设置为（15,0,0），直径为 8，布尔选择"减去"，单击【确定】按钮，结果如图 2-6 所示。

Step 6 选择下拉菜单【插入】|【设计特征】|【球】命令，中心点坐标设置为（-15,6,8），直径为 6，布尔选择"减去"，单击【确定】按钮。

Step 7 选择下拉菜单【插入】|【关联复制】|【阵列特征】命令，选择 Step6 生成的球为阵列特征，按图 2-7 填写阵列数据，

图2-6 骰子"1点"效果图

在 Step5 生成的球对面生成 6 个球，如图 2-8 所示。

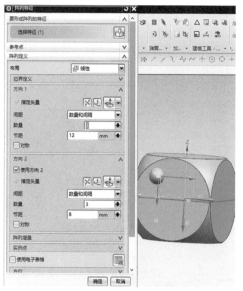

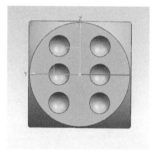

图 2-7　【阵列特征】对话框　　　　图 2-8　骰子"6点"效果图

Step 8　选择下拉菜单【插入】|【设计特征】|【球】命令，中心点坐标设置为（6,0,15），直径为 6，布尔选择"减去"，单击【确定】按钮。

Step 9　选择下拉菜单【插入】|【关联复制】|【阵列特征】命令，选择 Step8 生成的球为阵列特征，按图 2-9 填写阵列数据，生成 2 个球，如图 2-10 所示。

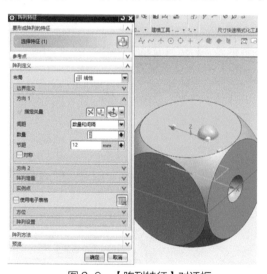

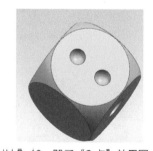

图 2-9　【阵列特征】对话框　　　　图 2-10　骰子"2点"效果图

Step 10　选择下拉菜单【插入】|【设计特征】|【球】命令，中心点坐标设置为（0,0,-15），直径为 6，布尔选择"减去"，单击【确定】按钮。

Step 11　选择下拉菜单【插入】|【设计特征】|【球】命令，中心点坐标设置为（6,6,-15），直径为 6，布尔选择"减去"，单击【确定】按钮。

Step 12　选择下拉菜单【插入】|【关联复制】|【阵列特征】命令，选择 Step11 生成的

球为阵列特征，按图2-11填写阵列数据，最终生成结果如图2-12所示。

图2-11 【阵列特征】对话框   图2-12 骰子"5点"效果图

Step 13 选择下拉菜单【插入】|【设计特征】|【球】命令，中心点坐标设置为（7，-15，7），直径为6，布尔选择"减去"，单击【确定】按钮。重复以上步骤，分别在坐标点（0，-15，0），（-7，-15，-7），生成球，完成3点面的设置，如图2-13所示。

Step 14 选择下拉菜单【插入】|【设计特征】|【球】命令，中心点坐标设置为（6，15，6），直径为6，布尔选择"减去"，单击【确定】按钮。

Step 15 选择下拉菜单【插入】|【关联复制】|【阵列特征】命令，选择Step14生成的球为阵列特征，按图2-14填写阵列数据，最终生成结果如图2-15所示。

图2-13 骰子"3点"效果图

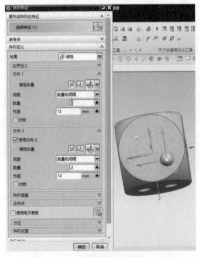

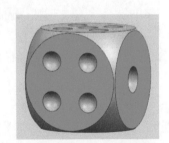

图2-14 【阵列特征】对话框   图2-15 骰子"4点"效果图

Step 16 选择下拉菜单【编辑】|【对象显示】命令，设置骰子主体及骰子上各点的颜色（一般"1 点"和"4 点"为红色，其余为黑色或蓝色），最终，骰子显示结果如图 2–16 所示。

图 2-16 骰子最终设计模型

任务 2 骰子的 3D 打印

🔲 学习目标

◉ **知识目标**

1. 了解 3D 打印的一般流程。

2. 熟悉 3D 打印的前处理软件的使用。

◉ **能力目标**

1. 能够利用 3D 打印前处理软件进行打印前处理。

2. 能够对设计的模型应用 FDM 打印机进行 3D 打印。

3. 能够对打印完后的模型进行简单的后处理。

🔲 任务描述

应用 FDM 的 3D 打印机，将任务 1 中设计的骰子进行 3D 打印。

🔲 任务分析

在进行 3D 打印前，首先需要对在三维软件中设计的模型进行格式转换，转换成一般 3D 打印软件能够识别的 STL 文件格式。后续通过 3D 打印机相关的软件进行切片等处理，生成 3D 打印机能够识别的格式并进行打印。3D 打印流程图如图 2–17 所示。

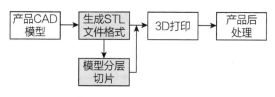

图 2-17 3D 打印流程图

🔲 知识链接

在三维设计软件中完成模型的数字化设计后，要进行后续 3D 打印，应首先在三维设计软件中将模型转换为打印机能够识别的 STL 格式。转换成 STL 格式后需要进行切片才能进行打印，可以选择专用的切片软件，或者选用 3D 打印机品牌自带的切片软件进行处理。

本任务采用太尔时代公司的熔融挤压（FDM）3D 打印设备（见图 2-18），此打印设备自带切片软件 Modelwizard，设备型号为 inspire D255，设备详细参数如下。

双喷头成型层厚：0.175、0.2、0.25、0.3、0.35、0.4mm

成型速度：5~60cm/h

成型空间：255mm×255mm×310mm

喷头系统：单 / 双喷头

成型材料：ABS B501

支撑材料：ABS S301

电源要求：220~240V，良好的地线

额定功率：2kW

操作环境：温度 15~20℃；湿度 10% ~ 50%RH

图 2-18　3D 打印设备

任务实施

活动 1　骰子模型的转换

在进行 3D 打印前，首先需要对在三维软件中设计的模型进行格式转换，转换成一般 3D 打印软件能够识别的 STL 格式。具体步骤如下。

打开 NX 软件，打开文件骰子 .prt，选择下拉菜单【文件】|【导出】|【STL】命令，系统弹出【STL 导出】对话框，选择骰子模型，按图 2-19 所示进行填写，单击【确定】按钮，即完成格式转换。

骰子格式转换

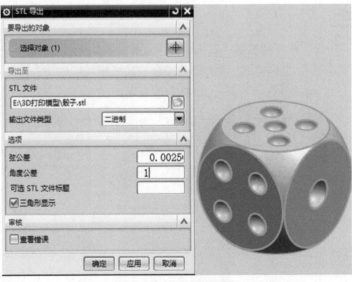

图 2-19　文件导出界面

活动2　骰子模型的3D打印

将装有 ModelWizard 软件的计算机与3D打印设备通过 USB 线连接，打开3D打印设备电源及设备开关后，即可进行相关操作。具体步骤如下。

Step 1　打开 ModelWizard 软件，选择下拉菜单【文件】|【载入】命令，弹出【打开】对话框，在对应的存储位置处选择需要3D打印的文件骰子.STL，单击【打开】按钮。

骰子打印

Step 2　选择下拉菜单【文件】|【三维打印机】|【连接】命令，弹出【RP Software】对话框，如图2-20所示，显示打印机相关信息，选择下拉菜单【文件】|【三维打印机】|【初始化】命令，设备开始进行初始化，初始化完成后，弹出【RP Software】对话框，如图2-21所示，显示初始化完成。

图2-20　连接后对话框

图2-21　初始化后对话框

Step 3　选择下拉菜单【模型】|【自动布局】命令，象棋自动在打印区域内进行布局，如图2-22所示，由于与工作台接触的骰子面上的"点"在打印时会产生支撑，因此为了打印后处理的方便，可以将"1点"所在的面与工作台接触，这样可以去除最少的支撑。选择下拉菜单【模型】|【变形】命令，在旋转"X"处输入"-90"，如图2-23所示。

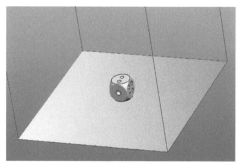

图2-22　棋子自动布局图

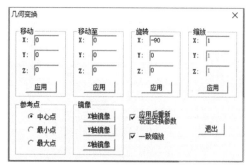

图2-23　【几何变换】对话框

Step 4　选择下拉菜单【模型】|【分层】命令，弹出【分层参数】对话框，如图2-24所示，单击【确定】按钮。

Step 5　选择下拉菜单【工具】|【预设辅助支撑】|【预设辅助支撑3】命令，在模型右下角设置辅助支撑，如图2-25所示。

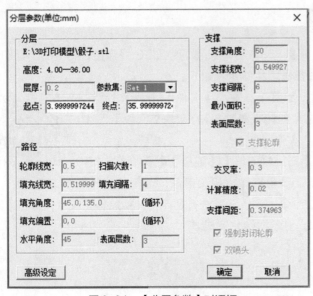

图 2-24 【分层参数】对话框　　　　　　　　图 2-25　预设辅助支撑

Step 6　　选择下拉菜单【文件】|【三维打印】|【预估打印】命令，弹出【RP Software】窗口，如图 2-26 所示，显示打印信息；选择下拉菜单【文件】|【三维打印】|【打印模型】命令，弹出【三维打印】对话框，如图 2-27 所示，单击【确定】按钮，弹出【设定工作台高度】对话框，如图 2-28 所示，单击【确定】按钮，出现详细打印信息界面，3D 打印设备开始进行数据写入，数据写入后，弹出【RP Software】窗口提示，如图 2-29 所示，单击【确定】按钮，3D 打印设备开始打印。

图 2-26　【RP Software】窗口

图 2-27　【三维打印】对话框

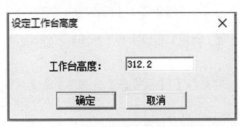

图 2-28　【设定工作台高度】对话框

图 2-29　数据写入提示窗口

Step 7 骰子打印完成后打开设备柜门，用铲刀取出打印好的模型，去除底部辅助材料，使用砂纸、小刀、挫等工具对模型进行修整。最终打印及处理后的骰子如图 2-30 所示。

图 2-30　打印好后骰子图

项目测评

一、单选题

1. UG 软件中模型文件的文件后缀名为（　　）。

　　A．.stl　　　　　　B．.prt　　　　　　　C．.asm　　　　　　D．.dwg

2. 3D 打印机可以识别的格式为（　　）。

　　A．stl　　　　　　B．prt　　　　　　　C．asm　　　　　　D．dwg

3. FDM 打印机的成型方法是（　　）。

　　A．熔融沉积成型　　　　　　　　　　B．光固化成型

　　C．选择性激光烧结　　　　　　　　　D．分层实体制造

二、简答题

1. UG 软件中布尔求交、求和及求差的区别是什么？

2. 3D 打印的一般流程是什么？

項目 3

中国象棋的数字化设计与 3D 打印

◐ 主要内容

一副中国象棋少了一颗棋子怎么办？扔掉，太可惜了吧。本项目介绍了如何设计象棋棋子及棋盘，并进行 3D 打印。除了可以补足你缺失的象棋棋子外，还可以设计具有个人独特风格的个性化象棋。通过特征参数化设计的应用，还可以快速改变整副象棋的大小。

本项目还介绍了 UG 中常用的建模命令，以及参数化设计的一般步骤和从数字化设计到 3D 打印的一般流程。

任务1　中国象棋的数字化设计

◐ 学习目标

◎ **知识目标**

1. 熟悉 UG 中常用的拉伸、旋转、派生曲线、管道、偏移等命令的使用。

2. 熟悉 UG 中装配相关的一般操作。

3. 熟悉 UG 中进行参数化建模的一般流程。

◎ **能力目标**

1. 能够在 UG 中进行象棋棋子、棋盘的数字化设计。

2. 能够对象棋棋子和棋盘进行装配。

3. 能够用多种建模方法完成同一个建模，并能从中选择最优方案。

◐ 任务描述

应用三维设计软件，设计一副具有个人特点的象棋，包括棋子和棋盘，并进行装配。象棋的风格、尺寸等可以自己确定，但要考虑后续 3D 打印的特点，如设计尺寸过大，打印时间会较长或超出打印机的打印范围等。

IM 任务分析

本任务采用 UG 软件进行三维数字化建模，分析象棋、棋盘的结构特点，设计过程中会涉及软件建模模块中拉伸、旋转、倒圆角、派生曲线、管道、文本、偏移等命令和装配模块中添加组件、移动组件、装配约束等命令，要能够从多种建模方法中选择最优方案。

IM 知识链接

中国象棋是起源于中国的一种棋类，属于二人对抗性游戏的一种，在中国有着悠久的历史。中国象棋由棋子和棋盘组成，如图 3-1 所示。

棋子分为红、黑两组，每组十六个，共有三十二个，各分七种，其名称和数目如下：

红棋子：帅一个，车、马、炮、相、仕各两个，兵五个。

黑棋子：将一个，车、马、炮、象、士各两个，卒五个。

棋子活动的场所叫作"棋盘"。在方形的平面上，有九条平行的竖线和十条平行的横线相交组成，共有九十个交叉点，棋子就摆在交叉点上。中间部分，也就是棋盘的第五、第六两横线之间未画竖线的空白地带称为"河界"。两端的中间，也就是两端第四条到第六条竖线之间的正方形部位，以斜交叉线构成"米"字方格的地方，叫作"九宫"（它恰好有九个交叉点）。整个棋盘以"楚河""汉界"分为相等的两部分。

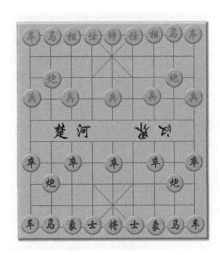

图 3-1 中国象棋

IM 任务实施

活动 1 中国象棋棋子的数字化设计

如果是补充缺失的棋子，可以先通过测量工具测出其余象棋棋子的主要尺寸，如棋子的直径、高度、字体大小等，再进行数字化设计。如果是自主进行象棋棋子的数字化设计，可以自由确定棋子的各尺寸。以下设计过程中设定棋子的直径为 18，高度为 6，象棋棋子尺寸的确定除考虑要满足实际使用需求外，还要考虑到与棋子配套的棋盘尺寸不要超过 3D 打印机的打印范围。中国象棋棋子的数字化设计的详细步骤如下。

红帅建模

Step 1　启动 NX 12.0，选择下拉菜单【文件】|【新建】命令，系统弹出【新建】对话框。在【模板】选项卡中选取模板类型为【模型】，在【名称】文本框中输入文件名称"红帅.prt"。单击【确定】按钮，进入建模环境，如图 3-2 所示。

左侧竖排：
产品数字化设计与3D打印

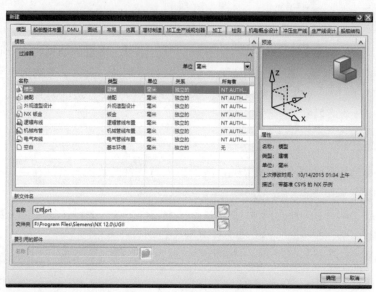

图 3-2 【新建】对话框

Step 2 选择下拉菜单【插入】|【草图】命令，弹出【创建草图】对话框，选择XOY平面，单击【确定】按钮，在XOY平面绘制一个直径为18的圆，如图3-3所示，单击"完成草图"。

Step 3 选择下拉菜单【插入】|【设计特征】|【拉伸】命令，选择Step2绘制的圆为截面，限制栏中结束选中"对称值"，距离输入"3"，如图3-4所示，单击【确定】按钮进行拉伸。

Step 4 选择下拉菜单【插入】|【设计特征】|【旋转】命令，选择 Step2 绘制的圆为截面，绕 XC 轴旋转"360"，布尔选择"求交"，如图 3-5 所示，单击【确定】按钮，进行旋转。

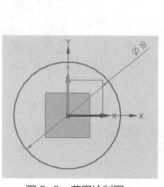

图 3-3 草图绘制圆　　图 3-4 【拉伸】对话框　　图 3-5 【旋转】对话框

Step 5 选择下拉菜单【插入】|【细节特征】|【边倒圆】命令，如图 3-6 所示，选择上下两条边，确定其他参数，单击【确定】按钮。

Step 6 选择下拉菜单【插入】|【派生曲线】|【在面上偏置】命令，选择上表面上倒角圆作为截面线，偏置 1mm，如图 3-7 所示。

图 3-6 【边倒圆】对话框

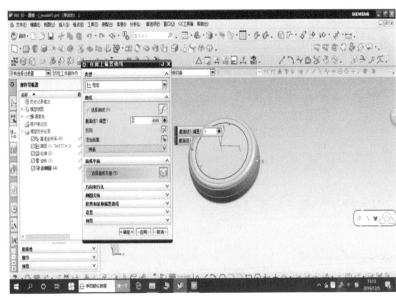

图 3-7 在面上偏置

Step 7 选择下拉菜单【插入】|【扫掠】|【管道】命令，如图 3-8 所示，选择 Step6 生成的偏置圆作为路径，确定其他参数，单击【确定】按钮。

Step 8 选择下拉菜单【插入】|【曲线】|【文本】命令，如图 3-9 所示，选择上表面作为文本放置面，在文本属性中输入中文"帅"，确定其他参数，单击【确定】按钮。

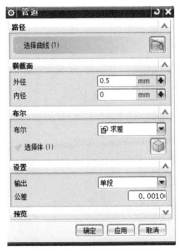

图 3-8 【管道】对话框

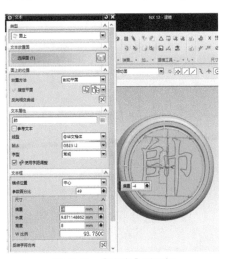

图 3-9 【文本】对话框

Step 9 选择下拉菜单【插入】|【设计特征】|【拉伸】命令，如图3-10所示，选择文本作为截面线，确定其他参数，单击【确定】按钮。注：为了使自己设计的棋子更具个人特点，可以在棋子的背面写上自己的名字或其他个性化图案进行拉伸。

Step 10 选择下拉菜单【编辑】|【对象显示】命令，分别设置棋子主体、棋子上表面管道及字体颜色。最终设计的棋子显示结果如图3-11所示。

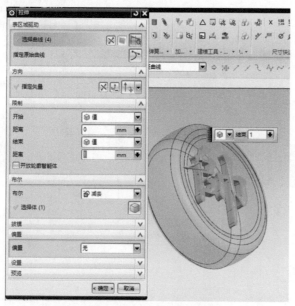

图3-10 【拉伸】对话框　　　　　　　　　图3-11 棋子设计图

Step 11 重复前面步骤，设计其他红色象棋棋子，结果如图3-12所示。

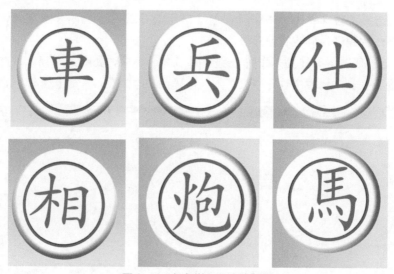

图3-12 红色棋子设计结果图

Step 12 重复前面步骤，设计其他黑色象棋棋子，结果如图3-13所示。

图 3-13 黑色棋子设计结果图

● 活动 2 中国象棋棋盘的数字化设计

要进行棋盘的数字化设计，首先需要对棋盘的结构进行分析，确定棋盘的主要尺寸。棋盘厚度主要考虑打印后的棋盘强度及打印时间，以下步骤中，棋盘厚度设为 5mm。棋盘的上平面由九条平行的竖线和十条平行的横线相交组成，这些线之间的距离是进行设计时的另一个重要尺寸，也是与棋子进行配合的尺寸，两条线之间的距离必须大于棋子的直径，且要留有一定间隙，以下步骤中，设定的距离为 20mm（棋子直径为 18mm），棋盘上最大矩形距离棋盘边缘的距离也设定为 20mm。中国象棋棋盘的数字化设计的详细步骤如下。

棋盘建模

Step 1 启动 NX 12.0，选择下拉菜单【文件】|【新建】命令，系统弹出【新建】对话框。在【模板】选项卡中选取模板类型为【模型】，在【名称】文本框中输入文件名称"棋盘.prt"。单击【确定】按钮，进入建模环境。

Step 2 选择下拉菜单【插入】|【草图】命令，弹出【创建草图】对话框，选择 XOY 平面，单击【确定】按钮，在 XOY 平面绘制一个长为 180，宽为 160 的矩形，单击"完成草图"。

Step 3 选择下拉菜单【插入】|【设计特征】|【拉伸】命令，选择 Step2 绘制的矩形为截面，限制栏中，结束距离输入"5"，偏置设置为"单侧"，结束输入"20"，如图 3-14 所示，单击【确定】按钮进行拉伸。

Step 4 选择下拉菜单【插入】|【设计特征】|【拉伸】命令，选择 Step2 绘制的矩形为截面，限制栏中，结束距离输入"1"，布尔设置为"减去"，偏置设置为"对称"，结束输入"1"，如图 3-15 所示，单击【确定】按钮进行拉伸。

Step 5 选择下拉菜单【插入】|【草图】命令，弹出【创建草图】对话框，选择棋盘上平面，单击【确定】按钮，利用"直线""阵列""镜像"等指令绘制如图 3-16 所示棋盘，单击"完成草图"。

Step 6 选择下拉菜单【插入】|【设计特征】|【拉伸】命令，选择 Step5 绘制的图形为截面，

限制栏中，结束距离输入"1"，布尔设置为"减去"，偏置设置为"对称"，结束输入"1"，如图 3-17 所示，单击【确定】按钮进行拉伸。

图 3-14　【拉伸】对话框

图 3-15　【拉伸】对话框

图 3-17　【拉伸】对话框

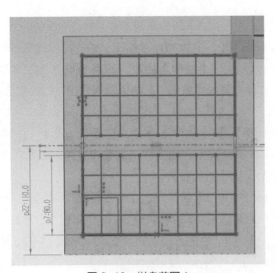

图 3-16　棋盘草图 1

Step 7　选择下拉菜单【插入】|【草图】命令，弹出【创建草图】对话框，选择棋盘上平面，单击【确定】按钮，利用"直线"指令绘制如图3-18所示棋盘，单击"完成草图"。

Step 8　选择下拉菜单【插入】|【设计特征】|【拉伸】命令，选择Step7绘制的图形为截面，限制栏中，结束距离输入"1"，布尔设置为"减去"，偏置设置为"对称"，结束输入"1"，如图3-19所示，单击【确定】按钮进行拉伸。

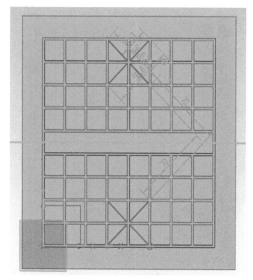

图3-18　棋盘草图2

图3-19　【拉伸】对话框

Step 9　选择下拉菜单【插入】|【基准/点】|【基准平面】命令，分别选择棋盘前后两个平面，如图3-20所示，单击【确定】按钮。

Step 10　选择下拉菜单【插入】|【曲线】|【文本】命令，如图3-21所示，文本放置面选择上表面，放置方法选择"剖切平面"，指定平面选择Step9生成的基准平面，在文本属性中输入中文"楚河"，确定其他参数，单击【确定】按钮。同样的方法，完成"汉界"的绘制。

Step 11　选择下拉菜单【插入】|【设计特征】|【拉伸】命令，选择Step10的文本为截面，限制栏中，结束距离输入"1"，布尔设置为"减去"，如图3-22所示，单击【确定】按钮进行拉伸。

Step 12　选择下拉菜单【编辑】|【对象显示】命令，分别设置棋盘上槽及字体颜色，最终设计棋盘显示结果如图3-23所示。

图 3-20 【基准平面】对话框

图 3-21 【文本】对话框

图 3-22 【拉伸】对话框

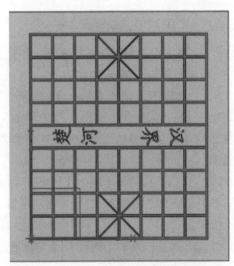

图 3-23 棋盘几何模型

活动3 棋子棋盘的装配

为了验证中国象棋棋子和棋盘的数字化模型尺寸匹配情况，可将完成的整套棋子棋盘进行装配。其数字化设计的详细步骤如下。

棋子棋盘装配

Step 1 选择下拉菜单【文件】|【新建】命令，系统弹出【新建】对话框。在【模板】选项卡中选取模板类型为【装配】，在【名称】文本框中输入文件名称"象棋.prt"。单击【确定】按钮，进入装配环境。

Step 2 单击【菜单】|【装配】|【组件】|【添加组件】命令，添加模型"棋盘.prt"，同样的步骤添加模型"红帅.prt"，通过"装配约束"限定棋子和棋盘的相对位置，同样的步骤完成其他棋子的添加和设置，最终完成象棋装配，如图3-24所示。

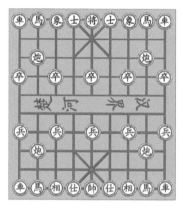 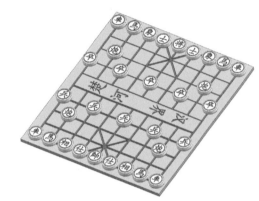

图3-24 中国象棋模型

任务2 中国象棋的参数化设计

ⅠⅯ 学习目标

◎ **知识目标**

1. 掌握参数化设计的作用。

2. 掌握参数化设计的一般步骤。

◎ **能力目标**

1. 具有确定参数化建模中的参数的能力。

2. 能够对象棋棋子、棋盘进行参数化设计。

ⅠⅯ 任务描述

应用三维设计软件，设计一套中国象棋，包括棋子和棋盘，要求设计的象棋棋子、棋盘能够通过简单的操作生成一系列同类的产品，所有产品外形具有相同的风格，象棋棋子的主要尺寸符合表 3-1 中要求。

表 3-1　象棋棋子主要尺寸要求

编号	系列 1	系列 2	系列 3	系列 4	系列 5
直径 d	18	24	30	45	75
高度 h	6	8	10	15	25

ⅠⅯ 任务分析

　　本任务要求设计一系列象棋，如果每种尺寸的产品都采用任务 1 的步骤进行设计将花费大量的时间，也无法体现数字化设计的优势，因此本任务采用参数化设计的方式，通过参数化设计，可以快速改变产品的尺寸，得到一系列不同尺寸、相同风格的产品。

ⅠⅯ 知识链接

　　参数化设计也叫尺寸驱动，是指模型的尺寸用对应的关系表示，而不需用确定的数值，变化一个参数值，将自动改变所有与它相关的尺寸，从而生成新的同类型模型。尺寸驱动是参数化设计的关键。所谓尺寸驱动就是以模型的尺寸决定模型的形状，一个模型由一组具有一定相互关系的尺寸进行定义，通过修改尺寸而实现对模型的修改，生成形状相同但规格不同的零部件模型系列。其本质是在保持原有图形的拓扑关系不变的基础上，通过修改图形的尺寸（即几何信息），而实现产品的系列化设计。

　　参数化模型是通过捕捉模型中几何元素之间的约束关系，将几何图形表示为几何元素及其约束关系组成的几何约束模型。参数化建模的关键在于建立几何约束关系，即拓扑约束和尺寸约束。拓扑约束是对产品结构的定性描述，表示几何元素拓扑和结构上的关系，如平行、对称、垂直等，这些关系在图形的尺寸驱动过程中维持不变。尺寸约束是通过尺寸标注表示的约束，表示几何元素之间的位置关系，如距离尺寸、角度尺寸、半径尺寸等，它是参数化驱动的对象。

　　在 UG 中，提供了两种约束：尺寸约束、几何约束（拓扑约束）。尺寸约束可以精确确定曲线的长度、角度、半径和直径等尺寸参数；几何约束可以精确的确定曲线之间的相互位置，如同心、相切、垂直和平行等几何参数。

ⅠⅯ 任务实施

⮞ 活动 1　中国象棋棋子的参数化设计

　　要进行象棋棋子的参数化设计，首先要确定数字化设计过程中需要哪些参数值及它们之间的关系。通过对任务 1 象棋棋子的设计过程进行分析，建模过程中一共涉及表 3-2 所示的 7 个数据。以象棋棋子的直径和高度作为主要参数，从表 3-1 中给定的象棋棋子直径和高度尺寸进行分析，发现棋子高度为棋子直径的 1/3，这样，参数可以进一步简化，所有数据都可以与象棋棋子的直径建立联系，进行参数化，当棋子直径尺寸发生改变时，其他数据会随着棋子直径的变化而变化。

表3-2　中国象棋棋子参数表

参数或表达式		参数含义
d		棋子直径
h=d/3		棋子高度
0.5×d		字体高度
0.5×d		字体长度
1	圆角半径	为了简化可直接设为1，也可以与直径d设置关联。
1	曲线偏置距离	
1	字体深度	

进行中国象棋棋子的参数化设计的具体步骤如下。

Step 1　选择下拉菜单【文件】|【新建】命令，系统弹出【新建】对话框。在【模板】选项卡中选取模板类型为【模型】，在【名称】文本框中输入文件名称"参数化帅.prt"。单击【确定】按钮，进入建模环境，如图3-25所示。

参数化帅 1

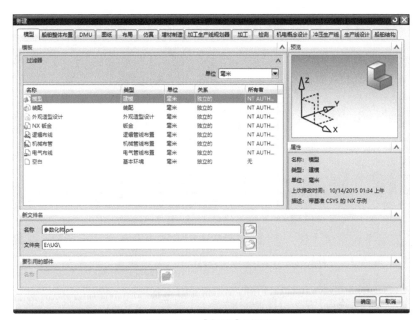

图3-25　【新建】对话框

Step 2　选择下拉菜单【工具】|【表达式】命令，弹出【表达式】对话框，在【名称】和【公式】栏中依次输入"d"和"45"，单击【新建表达式】后的图标，在【名称】和【公式】栏中依次输入"h"和"d/3"，如图3-26所示，单击【确定】按钮。

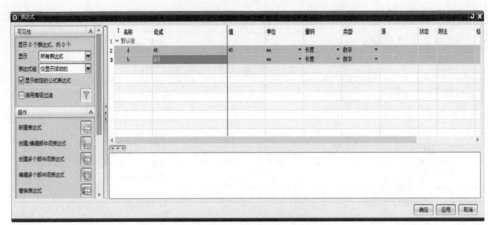

图 3-26 【表达式】对话框

Step 3 选择下拉菜单【插入】|【草图】命令，弹出【创建草图】对话框，选择 XOY 平面，单击【确定】按钮，在 XOY 平面绘制一个圆，双击修改尺寸，在尺寸栏中输入 "d"，如图 3-27 所示。

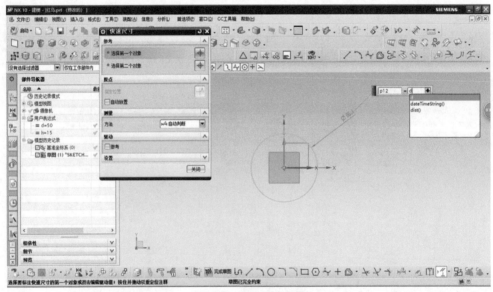

图 3-27 直径参数设置

Step 4 选择下拉菜单【插入】|【设计特征】|【拉伸】命令，选择 Step3 绘制的圆为截面，限制栏中结束选择"对称值"，如图 3-28 所示，单击距离后的箭头，输入公式"h/2"，单击【确定】按钮进行拉伸。

Step 5 选择下拉菜单【插入】|【设计特征】|【旋转】命令，选择 Step2 绘制的圆为截面，绕 XC 轴旋转"360"，布尔选择"相交"，如图 3-29 所示，单击【确定】按钮，进行旋转。

Step 6 选择下拉菜单【插入】|【细节特征】|【边倒圆】命令，如图 3-30 所示，选择上下两条边，确定其他参数，单击【确定】按钮。

Step 7 选择下拉菜单【插入】|【派生曲线】|【在面上偏置】命令，选择上表面上倒圆作为截面线，偏置 1mm，如图 3-31 所示。

图 3-28　【拉伸】对话框

图 3-31　【偏置曲线】对话框

图 3-29　【旋转】对话框

图 3-30　【边倒圆】对话框

Step 8 选择下拉菜单【插入 】|【扫掠】|【管道】命令，如图 3-32 所示，选择 Step7 生成的偏置圆作为路径，确定其他参数，单击【确定】按钮。

Step 9 选择下拉菜单【插入 】|【曲线】|【文本】命令，选择上表面作为文本放置面，在文本属性中输入中文"帅"，偏置输入公式"-0.25×d"，长度输入公式"0.5×d"，高度输入公式"0.5×d"，确定其他参数如图 3-33 所示，单击【确定】按钮。

图 3-32 【管道】对话框

参数化帅 2

图 3-33 【文本】对话框

图 3-34 【拉伸】对话框

Step 10 选择下拉菜单【插入 】|【设计特征】|【拉伸】命令，如图 3-34 所示，选择文本作为截面线，确定其他参数，单击【确定】按钮。

Step 11　选择下拉菜单【编辑】|【对象显示】命令，分别设置棋子主体、棋子上表面管道及字体颜色，最终棋子显示结果如图3-35所示。

图3-35　棋子设计图

Step 12　双击更改结构树用户表达式下的 d 和 h 值，验证模型尺寸是否更改，如图3-36所示。

图3-36　更改参数验证模型

Step 13　重复前面步骤，设计其他象棋棋子。

活动2　中国象棋棋盘的参数化设计

中国象棋棋盘的尺寸受象棋棋子大小的影响，进行参数化设置后，通过改变棋子直径的大小，棋盘可以随之进行相应的变化。中国象棋棋盘参数表见表3-3。

表 3-3 中国象棋棋盘参数表

参数或表达式	参数含义	备注
d	棋子直径	引用棋子模型中棋子直径参数
1.1×d	棋盘上槽间距	
1.1×d	棋盘最大矩形框与棋盘边缘距离	
0.6×d	字体高度	
2×d	字体长度	
-0.3d	字体偏置	
5	棋盘厚度	为了简化可将这些参数设为常数，也可以与直径 d 设置关联。
2	棋盘上槽宽	
1	棋盘上槽深	
1	字深度	

进行中国象棋棋盘的参数化设计的具体步骤如下。

Step 1　启动 NX 12.0，选择下拉菜单【文件】|【新建】命令，系统弹出【新建】对话框。在【模板】选项卡中选取模板类型为【模型】，在【名称】文本框中输入文件名称"参数化棋盘"。单击【确定】按钮，进入建模环境。

Step 2　选择下拉菜单【工具】|【表达式】命令，弹出【表达式】对话框，单击【创建 / 编辑部件表达式】后的图标，弹出【创建单个部件间表达式】，

参数化棋盘

如图 3-37 所示，选择任务 2 活动 1 中创建的"参数化帅 .prt"文件，选择参数 d，单击【确定】按钮，弹出【表达式】对话框，如图 3-38 所示，单击【确定】按钮。注：通过此步操作，棋盘可调用棋子的参数 d，d 的数值发生变化后，两个文件相关数据都会一起发生变化。

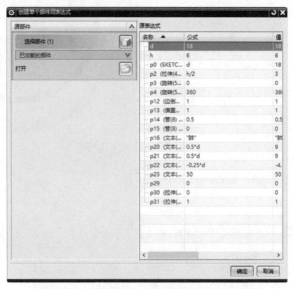

图 3-37　【创建单个部件间表达式】对话框

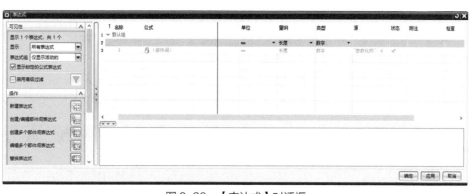

图 3-38　【表达式】对话框

Step 3　选择下拉菜单【插入】|【草图】命令，弹出【创建草图】对话框，选择 XOY 平面，单击【确定】按钮，在 XOY 平面绘制一个矩形，长为 8×1.1×d，宽为 9×1.1×d，如图 3-39 所示，单击"完成草图"。

Step 4　选择下拉菜单【插入】|【设计特征】|【拉伸】命令，选择 Step2 绘制的矩形为截面，限制栏中，结束距离输入"5"，偏置设置为"单侧"，结束输入"1.1×d"，如图 3-40 所示，单击【确定】按钮进行拉伸。

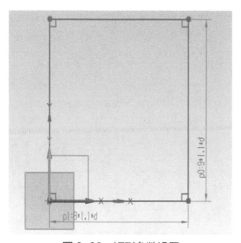

图 3-39　矩形参数设置　　　　　图 3-40　【拉伸】对话框

Step 5 选择下拉菜单【插入】|【设计特征】|【拉伸】命令，选择 Step3 绘制的矩形的一条边为截面，限制栏中，结束距离输入"1"，布尔设置为"减去"，偏置设置为"对称"，结束输入"1"，如图 3-41 所示，单击【确定】按钮进行拉伸。

Step 6 选择下拉菜单【插入】|【关联复制】|【阵列特征】命令，选择 Step5 的拉伸特征，进行阵列操作，节距输入"1.1×d"，如图 3-42 所示，单击【确定】按钮进行阵列。

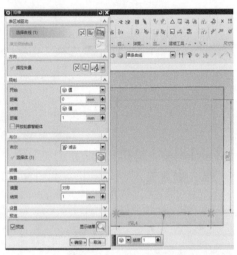

图 3-41 【拉伸】对话框

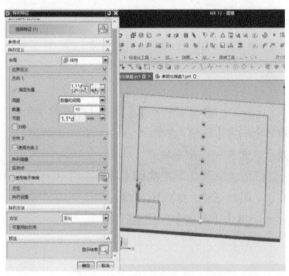

图 3-42 【阵列特征】对话框

Step 7 选择下拉菜单【插入】|【设计特征】|【拉伸】命令，选择 Step3 绘制的矩形的另一条边为截面，限制栏中，结束距离输入"1"，布尔设置为"减去"，偏置设置为"对称"，结束输入"1"，如图 3-43 所示，单击【确定】按钮进行拉伸。

Step 8 选择下拉菜单【插入】|【关联复制】|【阵列特征】命令，选择 Step7 的拉伸特征，进行阵列操作，如图 3-44 所示，节距输入"8×1.1×d"，单击【确定】按钮进行阵列。

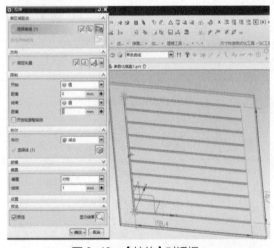

图 3-43 【拉伸】对话框

图 3-44 【阵列特征】对话框

Step 9 选择下拉菜单【插入】|【草图】命令，弹出【创建草图】对话框，选择棋盘上平面，

单击【确定】按钮，利用"直线"指令绘制如图 3-45 所示棋盘，设置各直线距离，棋盘每格距离为 1.1×d，单击"完成草图"。

Step 10　选择下拉菜单【插入】|【设计特征】|【拉伸】命令，选择 Step9 绘制的左侧直线为截面，限制栏中，结束距离输入"1"，布尔设置为"减去"，偏置设置为"对称"，结束输入"1"，如图 3-46 所示，单击【确定】按钮进行拉伸。

Step 11　选择下拉菜单【插入】|【关联复制】|【阵列特征】命令，选择 Step10 的拉伸特征，进行阵列操作，如图 3-47 所示，节距输入"1.1×d"，单击【确定】按钮进行阵列。

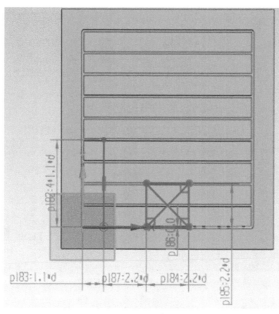

图 3-45　棋盘草图

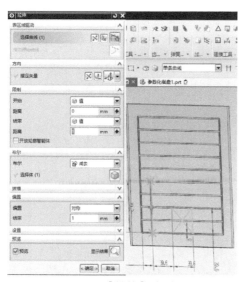

图 3-46　【拉伸】对话框

图 3-47　【阵列特征】对话框

Step 12 选择下拉菜单【插入】|【设计特征】|【拉伸】命令，选择 Step9 绘制的十字交叉直线为截面，限制栏中，结束距离输入"1"，布尔设置为"减去"，偏置设置为"对称"，结束输入"1"，如图 3-48 所示，单击【确定】按钮进行拉伸。

图 3-48 【拉伸】对话框

Step 13 选择下拉菜单【插入】|【基准/点】|【基准平面】命令，分别选择棋盘前后两个平面，如图 3-49 所示，单击【确定】按钮。

Step 14 选择下拉菜单【插入】|【关联复制】|【镜像特征】命令，选择 Step10、Step11、Step12 的特征，进行镜像操作，单击【确定】按钮，镜像后结果如图 3-50 所示。

图 3-49 【基准平面】对话框

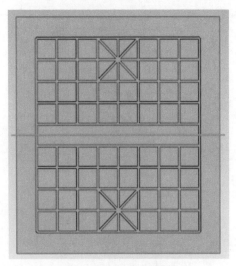

图 3-50 镜像后模型

Step 15　选择下拉菜单【插入】|【曲线】|【文本】命令，文本放置面选择上表面，放置方法选择"剖切平面"，指定平面选择 Step13 生成的基准平面，在文本属性中输入中文"楚河"，偏置设置为"−0.3×d"，长度为"2×d"，高度为"0.6×d"，其他参数如图 3-51 所示，单击【确定】按钮。同样的方法，完成"汉界"的绘制。

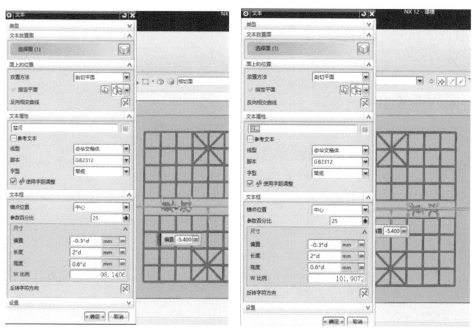

图 3-51　【文本】对话框

Step 16　选择下拉菜单【插入】|【设计特征】|【拉伸】命令，选择 Step15 的文本为截面，限制栏中，结束距离输入"1"，布尔设置为"减去"，单击【确定】按钮进行拉伸。

Step 17　选择下拉菜单【编辑】|【对象显示】命令，分别设置棋盘及字体颜色，最终棋盘显示结果如图 3-52 所示。

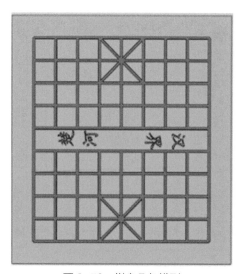

图 3-52　棋盘几何模型

任务3　中国象棋的3D打印

学习目标

◉ **知识目标**

1. 掌握3D打印的一般流程及软件的使用方法。
2. 掌握装配件打印的方法。

◉ **能力目标**

1. 能够利用3D打印前处理软件进行打印前处理。
2. 能够对设计的模型应用FDM打印机进行3D打印。
3. 能够对装配好的象棋进行整体、分开打印。

任务描述

应用FDM的3D打印机，对任务1或任务2中设计的棋子及配套的棋盘进行打印。

任务分析

在进行3D打印前，首先需要对在三维软件中设计的模型进行格式转换，转换成一般3D打印软件能够识别的STL格式。后续通过3D打印机配套的软件进行切片处理，生成3D打印机能够识别的格式后再进行打印。一副象棋棋子较多，如果需要打印全套棋子，如采用单个棋子打印的方法，不但操作复杂，而且效率低下，可以通过装配件一起进行打印。

知识链接

将3D打印机运用到现实生活中除了需要考虑强度、精度和时间以外，对于装配件，还需要考虑组件之间的公差配合，充分考虑打印材料的热胀冷缩及打印精度对成品零件的影响。这使得整个打印过程中的任何一个环节对最后的结构都起着决定性的作用，必须对各个影响因素进行考虑。

目前FDM打印机所用的材料主要是塑料、尼龙、石蜡等低熔点材料。目前市场上普遍可以购买到的成型线材包括ABS、PLA、人造橡胶、铸蜡等，其中ABS和PLA最常用。从表面上，很难区分ABS和PLA，通过对比观察，ABS呈亚光，而PLA很光亮。加热到195℃，PLA可以顺畅挤出，ABS不可以。加热到220℃，ABS可以顺畅挤出，PLA会出现鼓起的气泡，甚至被碳化，碳化会堵住喷嘴，导致无法打印。机械性能上，ABS要优于PLA，但是PLA是可生物降解材料，是被公认的环保材料，打印时PLA的气味为棉花糖气味，不像ABS那样有刺鼻的气味。耗材到底选ABS还是PLA？医疗、教学、食品等行业选择PLA，PLA材料打印模型更容易塑形，也更容易保持造型，难变形可降解的环保材料更适合医疗、教学、食品等环保要求较高的行业。制造业可选择 ABS，ABS 材料强度大于 PLA，抗冲击性、耐热性、耐低温性、耐化学药品性及电气性能好，稍难降解、环保性稍差，更适合制造业领域。

任务实施

活动 1 单个棋子模型的转换

在进行 3D 打印前，首先需要对在三维软件中设计的模型进行格式转换，转换成一般 3D 打印软件能够识别的 STL 格式。具体步骤如下。

打开 NX 软件，打开文件"红帅 .prt"，选择下拉菜单【文件】|【导出】|【STL】命令，系统弹出【STL 导出】对话框，选择象棋模型，按图 3-53 所示进行填写，单击【确定】按钮，即完成格式转换。

红帅格式转换

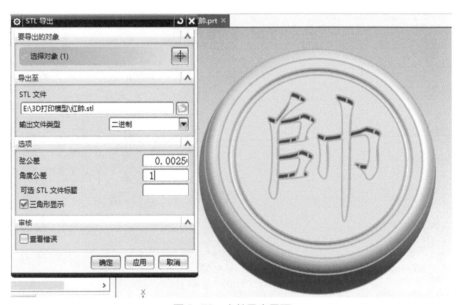

图 3-53 文件导出界面

活动 2 装配象棋模型的转换

对于装配体文件，可以同时对装配体内所有文件同时进行 3D 打印，在打印前，首先需要对在三维软件中设计的模型进行格式转换，转换成一般 3D 打印软件能够识别的 STL 格式。具体步骤如下。

打开 NX 软件，打开文件"象棋 .prt"，选择下拉菜单【文件】|【导出】|【STL】命令，系统弹出【STL 导出】对话框，按 <Ctrl+A> 组合键选择所有对象，按图 3-54 所示进行填写，单击【确定】按钮，即完成格式转换。

象棋格式转换

图 3-54　文件导出界面

活动 3　单个棋子的 3D 打印

将装有 ModelWizard 软件的计算机与 3D 打印设备通过 USB 线连接后，打开 3D 打印设备电源及设备开关后，即可进行相关操作。具体操作步骤如下。

Step 1　打开 ModelWizard 软件，选择下拉菜单【文件】|【载入】命令，弹出【打开】对话框，在对应的存储位置选择需要 3D 打印的文件，如图 3-55 所示，单击【打开】按钮。

棋子导入 3D 打印机

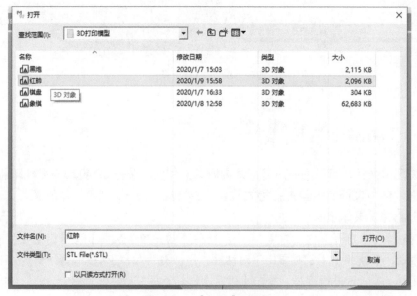

图 3-55　【打开】对话框

Step 2　选择下拉菜单【文件】|【三维打印机】|【连接】命令，弹出【RP Software】对话框，如图3-56所示，显示打印机相关信息，选择下拉菜单【文件】|【三维打印机】|【初始化】命令，设备开始进行初始化，初始化完成后，弹出【RP Software】对话框，如图3-57所示，显示初始化完成。

Step 3　选择下拉菜单【模型】|【自动布局】命令，象棋自动在打印区域内进行布局，如图3-58所示。

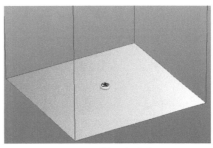

图3-56　连接后对话框　　图3-57　初始化后对话框　　图3-58　棋子自动布局

Step 4　选择下拉菜单【模型】|【分层】命令，弹出【分层参数】对话框，如图3-59所示，单击【确定】按钮。

图3-59　【分层参数】对话框

Step 5　选择下拉菜单【文件】|【三维打印】|【预估打印】命令，弹出【RP Software】窗口，如图3-60所示，显示打印信息；选择下拉菜单【文件】|【三维打印】|【打印模型】命令，弹出【三维打印】对话框，如图3-61所示，单击【确定】按钮，弹出【设定工作台高度】对话框，如图3-62所示，单击【确定】按钮，出现详细打印信息界面，3D打印设备开始进行数据写入，数据写入后，弹出【RP Software】窗口提示，如图3-63所示，单击【确定】按钮，3D打印设备开始打印，如图3-64所示。

图 3-60 预估打印提示窗口

图 3-61 【三维打印】对话框

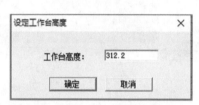

图 3-62 【设定工作台高度】对话框

图 3-63 数据写入提示窗口

Step 6 棋子打印完成，完成图如图3-65所示。打开设备柜门，用铲刀取出打印好的模型，去除底部辅助材料，使用砂纸、小刀、挫等工具对模型进行修整。

图 3-64 单个棋子打印过程图

图 3-65 单个棋子打印完成图

活动 4 装配象棋的 3D 打印

将装有 ModelWizard 软件的计算机与 3D 打印设备通过 USB 线连接后，打开 3D 打印设备电源及设备开关后，即可进行相关操作。具体操作步骤如下。

象棋整体打印

Step 1 打开 ModelWizard 软件，选择下拉菜单【文件】|【载入】命令，弹出【打开】对话框，在对应的存储位置选择需要 3D 打印的文件，如图 3-66 所示，单击【打开】按钮。

Step 2 选择下拉菜单【文件】|【三维打印机】|【连接】命令，弹出【RP Software】对话框，显示打印机相关信息，选择下拉菜单【文件】|【三维打印机】|【初始化】命令，设备开始进行初始化，初始化完成后，弹出【RP Software】对话框，显示初始化完成。

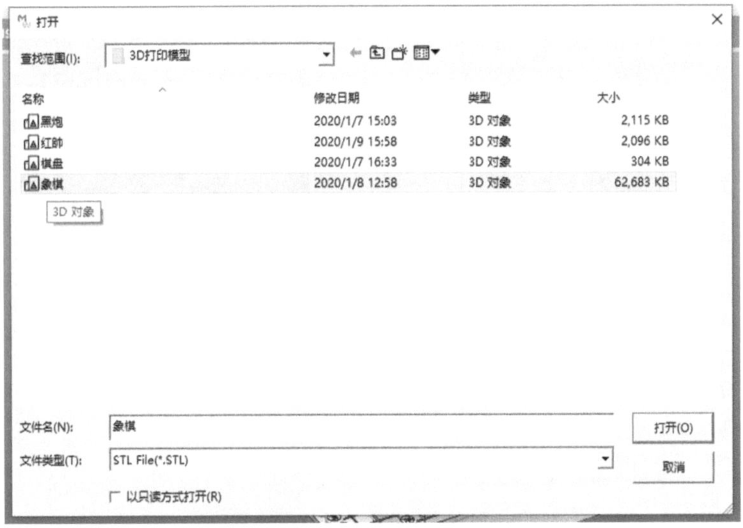

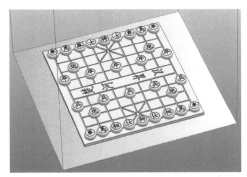

图 3-66　【打开】对话框

Step 3　选择下拉菜单【模型】|【自动布局】命令，象棋自动在打印区域内进行布局，如图3-67所示。如果按此模板打印，棋子和棋盘将会打印成一体，此方法不可取。

Step 4　选择下拉菜单【模型】|【分解】命令，象棋装配体分解为"象棋_1"至"象棋_33"共33个部分，如图3-68所示，通过下拉菜单【模型】|【变形】命令，弹出【几何变换】对话框，如图3-69所示，可以移动单个棋子的位置，移动到合适位置后可进行3D打印。

图 3-67　棋子自动布局

图 3-68　分解后模型

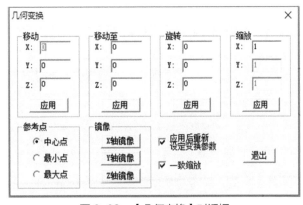

图 3-69　【几何变换】对话框

Step 5　为了提高打印速度，可以把棋盘和棋子分开打印，可将棋盘删除，先将所有棋子进行打印。先找到棋盘模型对应的名称，如图 3-70 所示，右击"象棋 _2"，单击"卸载象棋 _2"。选择下拉菜单【模型】|【自动布局】命令，棋子自动在打印区域内进行布局，如图 3-71 所示。

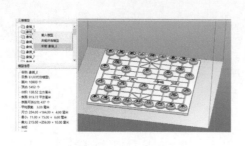

图 3-70　卸载棋盘

图 3-71　棋子自动布局

Step 6　选择下拉菜单【模型】|【分层】命令，弹出【分层参数】对话框，如图 3-72 所示，单击【确定】按钮。

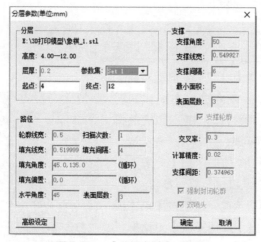

图 3-72　【分层参数】对话框

Step 7　选择下拉菜单【文件】|【三维打印】|【预估打印】命令，弹出【RP Software】窗口，显示打印信息；选择下拉菜单【文件】|【三维打印】|【打印模型】命令，弹出【三维打印】对话框，如图 3-73 所示，单击【确定】按钮，弹出【设定工作台高度】对话框，单击【确定】按钮，出现详细打印信息界面，3D 打印设备开始进行数据写入，数据写入后，弹出【RP Software】窗口提示，如图 3-74 所示，单击【确定】按钮，3D 打印设备开始打印。

图 3-73　【三维打印】对话框

图 3-74　数据写入提示窗口

Step 8　模型打印完成后打开设备柜门，用铲刀取出打印好的模型，去除底部辅助材料，使用砂纸、小刀、挫等工具对模型进行修整。

Step 9 将所有棋子打印完成后，可参照上述步骤将棋盘单独进行打印。

项目测评

一、单选题

1. UG 软件中装配文件的文件后缀名为（　　）。

　　A. stl　　　　　　B. .prt　　　　　　C. .asm

2. 以下哪个不是参数化设计的优点？（　　）

　　A. 缩短产品开发周期

　　B. 提高设计效率

　　C. 使设计过程变得复杂

3. UG 软件中，不同零件模型间是否可以共用参数？（　　）

　　A. 是　　　　　　B. 否

二、简答题

1. 棋子的主体部分可以通过哪些方法来建模？

2. 参数化设计的一般流程是什么？

3. 装配体文件在 3D 打印时各零件可否分开打印？如何操作？

逆向设计与 3D 打印篇 **IM**

项目 4 国际象棋的数字化设计与 3D 打印

IM 主要内容

国际象棋，又称西洋棋，是一种二人对弈的棋类游戏，一副国际象棋共有 32 个棋子，如果一副国际象棋中不小心丢失了一个棋子，是否可以像补充中国象棋棋子那样通过测量棋子尺寸来建模，再通过 3D 打印实现呢？显然不行，因为国际象棋的棋子不像中国象棋那样简单，其中有的棋子如马等还有一些不规则曲面。本项目介绍了通过三维扫描、逆向设计、3D 打印来实现数字化设计和 3D 打印的流程。

本项目还介绍了扫描仪及相关软件的操作，国际象棋棋子点云数据的处理、逆向建模的设计流程，并对设计的国际象棋棋子进行 3D 打印。

任务 1 棋子的三维数据采集

IM 学习目标

◉ **知识目标**

1. 掌握 EinScan-Pro 手持式三维扫描仪的基本原理及基本操作步骤。
2. 掌握 EinScan-Pro series 三维扫描软件的基本操作。

◉ **能力目标**

1. 能够进行扫描仪的正确接线操作。
2. 能够独立完成扫描前标定操作。

3. 能够应用三维扫描设备进行国际象棋棋子外形的扫描。

4. 能够获取符合要求的三维点云数据。

任务描述

应用 EinScan-Pro 手持式三维扫描仪对国际象棋棋子国王和马进行三维扫描，通过 EinScan-Pro series 三维扫描软件的使用，得到合格的三维点云数据，完成对国际象棋棋子外形的三维数据采集。

任务分析

在利用扫描仪对国际象棋棋子进行三维扫描前，需要正确连接手持式扫描仪、转台及电脑的接线，然后进行扫描仪的标定工作。扫描过程中利用 EinScan-Pro series 三维扫描软件得到国际象棋棋子完整的点云数据，并对数据进行保存，便于后续进行数据的处理。

知识链接

1. 国际象棋简介

国际象棋 (Chess) 起源于亚洲，后由阿拉伯人传入欧洲，成为国际通行棋种，也是一项智力竞技运动，曾一度被列为奥林匹克运动会正式比赛项目。棋盘为正方形，由 64 个黑白 (深色与浅色) 相间的格子组成。棋子分黑白 (深色与浅色) 两方共 32 枚，每方各 16 枚，由对弈双方各执一组，如图 4-1 所示。双方兵种是一样的，分为六种，如表 4-1 所示。

图 4-1　国际象棋棋具

表 4-1　国际象棋棋子表

棋子名称	王	后	车	象	马	兵
英文原意	国王	皇后	战车	主教	骑士	禁卫军
英文全称	King	Queen	Rook	Bishop	Knight	Pawn
棋子数量	1	1	2	2	2	8
棋子图形						

2. EinScan-Pro 手持式三维扫描仪

本项目采用 EinScan-Pro 手持式三维扫描仪来进行数据采集，EinScan-Pro 扫描仪为先临三维公司产品，满足中小尺寸实物的多种细节和精度要求的 3D 扫描建模需求，扫描仪结构轻便小巧，软件操作简单。下面对此扫描仪进行介绍。

EinScan-Pro 手持式三维扫描仪产品包含基础模块与工业模块两个部分。两部分包含的配件如图 4-2 和图 4-3 所示。

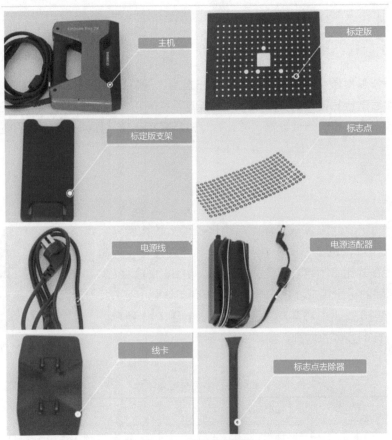

图 4-2　基础模块清单

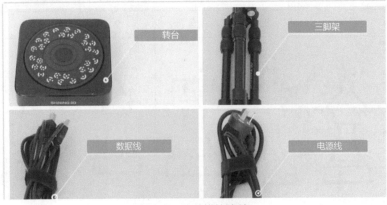

图 4-3　工业模块清单

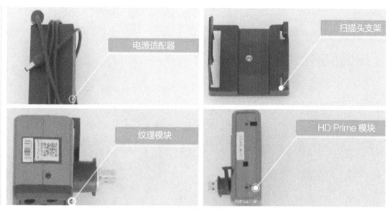

图 4-3　工业模块清单（续）

扫描仪主要参数如表 4-2 所示。

表 4-2　扫描仪主要参数

参　数	指　标			
扫描模式	手持精细扫描	手持快速扫描	固定扫描（使用转台）	固定扫描（无转台）
扫描精度	0.1mm	0.3mm	单片精度 0.05mm	单片精度 0.05mm
扫描速度	15 帧 / 秒	10 帧 / 秒	单幅扫描时间 < 2s	单幅扫描时间 < 2s
空间点距	0.2~2.0mm	0.5~2.0mm	0.16mm	
单片扫描范围	210mm×150mm			
光源	白光 LED			
拼接模式	标志点拼接	特征拼接、标志点拼接和混合拼接	转台编码点拼接、特征拼接、标志点拼接、手动拼接	同时兼容标志点拼接、特征拼接、手动拼接
纹理扫描	不支持	支持（需购买纹理模块）		
户外操作	不支持（受强光影响）			
特殊扫描物体处理	—	特征拼接，需要丰富表面特征	—	—
	透明、反光、半透明物体不能直接扫描，需先喷粉处理			
可打印数据输出	支持			
数据格式	OBJ，STL，ASC，PLY，3MF			
扫描头重量	0.8kg			
系统支持	Win7,Win8,Win10（64bit）			
电脑要求	显卡：NVIDIA GTX660 及以上；显存：大于 2G；处理器：i5 及以上；内存：8G 及以上			

IM 任务实施

活动 1   扫描仪的安装

扫描仪安装

1. 硬件安装

航空线一端连接扫描仪，一端连接电源线和电脑 USB，如图 4-4 所示。USB 端连接电脑 USB2.0 或 3.0 端口（此安装适用于手持模式扫描）。

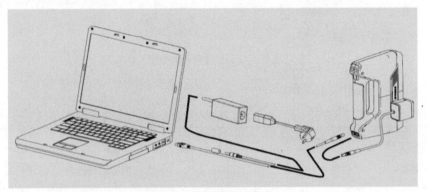

图 4-4   基础模块的安装

基础模块安装完后放入三脚架托盘上，另外一根 USB 线长口端连接电脑，方口端连接转台，连接好转台电源适配器，并调整测头与转台的位置，如图 4-5 所示（此安装模式适合固定模式扫描）。

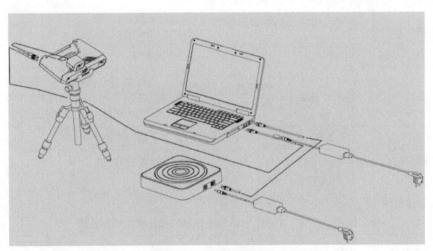

图 4-5   工业模块的安装

2. 软件安装

双击 EinScan-Pro series 软件安装包，根据安装提示完成软件的安装，建议将软件安装在默认路径下。安装完成后，桌面上会出现 ![EinScan Pro series icon]（软件启动图标）和 ![File Preview Tool icon]（预览工具图标）

快捷方式图标。EinScan-Pro series 软件提供固定扫描、手持精细扫描和手持快速扫描三种扫描模式，兼顾便携性和高精细度。

活动 2 扫描仪的标定

第一次使用设备、长途运输之后、有过剧烈碰撞之后等情况下，扫描仪在扫描前需要先进行标定，不标定无法进入扫描模式。下面介绍标定的相关内容。

扫描仪标定

首次打开 EinScan-Pro series 软件后的界面如图 4-6 所示，选择设备类型 EinScan-Pro，单击【下一步】按钮后，软件会自动进入标定界面。

进入扫描模式，若许可证与设备不匹配，会自动弹出获取许可证工具，也可单击相应激活按钮打开获取许可证工具，如图 4-7 所示。

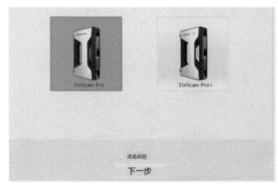

图 4-6　设备类型的选择

图 4-7　激活软件

若无标定数据，软件会提示"没有标定数据，请先进行标定"。

无标定数据时，选择扫描模式界面的【下一步】按钮不可用。无纹理相机时，左侧导航只有相机标定和手持精细扫描标定。若有纹理相机，纹理相机连接正常情况下，左侧导航包括相机标定、手持精细扫描标定和白平衡。

无纹理相机时，标定流程为两步：①相机标定 ②手持精细扫描标定。

有纹理相机时，标定流程为三步：①相机标定 ②手持精细扫描标定 ③纹理相机白平衡。

下面以带纹理相机标定为例介绍标定操作。

相机标定界面左侧是导航条，右侧是标定操作的视频。

相机标定时标定板需摆放五个位置，每个位置采集 5 幅图片，位置摆放根据软件向导操作。首先根据软件向导提示，调整好投影仪与标定板之间的距离（350~450mm）。第一组平放标定板，摆放的方位和图示的方位一致，扫描仪十字对准标定板白框内，确保扫描仪与摆放标定板平面垂直，如图 4-8 所示。

单击软件界面上【开始 / 结束】按钮采集图片或按一下扫描仪上的【开始 / 结束】按钮后，开始自动采集，此时采集状态为开，由上而下或者由下而上移动扫描仪，直到距离指示条全部填充成绿色，则此位置图片采集完成，一组采集完成后，软件会蜂鸣提示。在采集过程中若提示"距离太近"，则需要将扫描仪往上提；若提示"距离太远"，需要向下移动扫描仪。

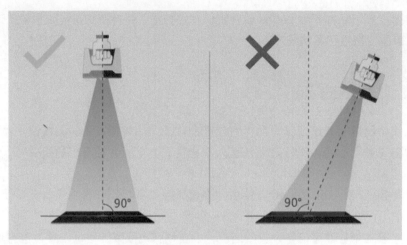

图4-8　标定时扫描仪摆放方位示例

　　此组图片采集完成后软件将自动跳转下一组采集，并伴有蜂鸣声提示，如图4-9、图4-10所示。

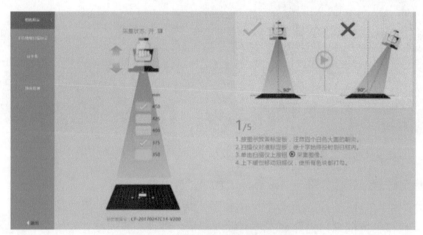

图4-9　相机标定采集数据界面1

图4-10　相机标定采集数据界面2

按照向导指示位置将标定板放置到支架上，采集操作同上组，扫描仪与放置标定板的平面垂直。直到五个位置采集完成，软件会自动进行标定计算，如图4-11所示。

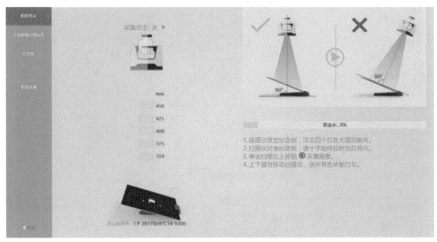

图4-11　自动标定计算

相机标定过程中，在进度52%时会保持一段时间，请耐心等待。相机标定成功后会提示"标定成功"，之后软件自动进入手持精细扫描标定。

相机标定成功后软件直接跳转至手持精细扫描标定模式如图4-12所示（若不需要手持精细扫描可直接单击【跳过】按钮，跳过该标定）。

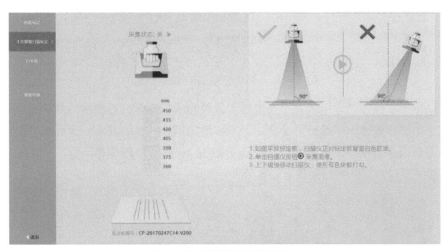

图4-12　手持精细扫描标定1

根据向导，按照指示图摆放好标定板位置，线平面对着标定板背面白色平整区域。单击软件上按钮或按一下设备上按钮，上下移动扫描仪，软件自动采集图片直至距离条全部填充为绿色，如图4-13所示。

距离条全部填充完绿色打钩后，软件自动开始标定，标定成功后提示"手持精细扫描标定成功"，如图4-14所示。如无纹理相机，则软件会自动退出标定界面，进入扫描模式选择界面。

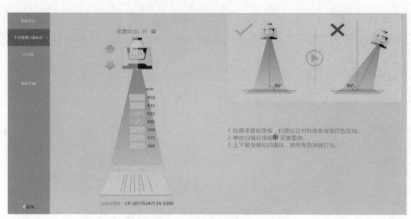

图 4-13　手持精细扫描标定 2

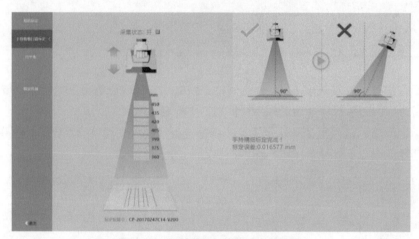

图 4-14　手持精细扫描标定自动计算

　　有纹理相机会进入纹理相机白平衡流程。纹理相机标定时，扫描头对着标定板背面白色区单击软件上按钮或按一下设备上按钮，上下移动扫描仪，直到其中一个距离块显示为绿色打钩，即完成白平衡校验。若标定成功会提示如图 4-15 所示的信息。标定成功后，软件会自动关闭标定窗口，进入到扫描模式选择界面。

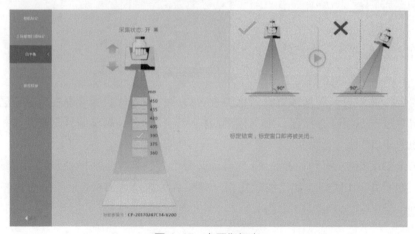

图 4-15　白平衡标定

活动 3 棋子的三维扫描

下面以国际象棋中"马"的数据采集为例，介绍采用 EinScan-Pro 三维扫描仪进行三维扫描的详细步骤，其他品牌或型号扫描仪操作步骤略有不同，但最终都得到".asc"格式的点云数据文件或".stl"格式的三角网格文件。

扫描棋子马

Step 1 扫描模式选择

软件激活后，选择扫描模式，国际象棋棋子外形的扫描采用"固定扫描"模式，如图 4-16 所示。

选择扫描模式

固定扫描

手持精细扫描

手持快速扫描

图 4-16 扫描模式的选择

Step 2 新建工程

进入新建工程界面，默认工程保存位置为桌面，如图 4-17 所示，单击【新建工程】按钮，输入工程名。

Step 3 应用非纹理扫描

进入纹理选择界面，纹理功能只有带纹理相机时才能使用，本次扫描选择非纹理扫描，如图 4-18 所示。

选择纹理

新建工程

打开工程

图 4-17 新建工程

纹理扫描

非纹理扫描

应用 点击此处

图 4-18 非纹理扫描

单击【应用】按钮，进入扫描界面，勾选使用转台后，扫描界面如图 4-19 所示。

Step 4 扫描前设置（见图 4-20）

① 相机视口。可通过勾选显示右相机，左相机视口是一直处于显示状态。单击相机视口右下角放大图标，可放大相机视口。

图 4-19　扫描界面

②　工作距离。开始扫描前确认扫描距离合适（合适的工作距离为 350~450mm），在扫描物体上投影的十字清晰时为最佳扫描距离。

③　亮度调节。拖动亮度调节按钮调节相机亮度，直至界面左侧的左右相机视口的亮度能清晰查看到物体，在亮度视口中的十字图案清晰。

④　转台扫描数据。选中使用转台复选框，使用转台进行扫描，扫描前，设置转台一圈扫描的次数，选择默认值为 8 次。

⑤　拼接模式。默认拼接模式为转台编码点拼接，本次扫描选择特征拼接模式。

⑥　多曝光。多曝光开启后可扫描亮暗相间物体，扫描国际象棋棋子时关闭多曝光。

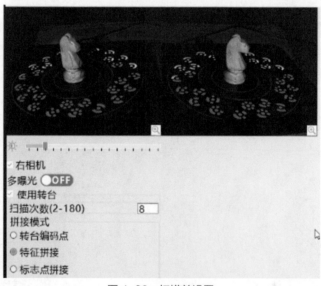

图 4-20　扫描前设置

Step 5　扫描操作

单击【开始扫描】按钮开始扫描，扫描前进行自动校准，校准过程中相机和棋子均要保持固定不动，否则校准失败，如图 4-21 所示。

图 4-21　自动校准

　　每扫描一组数据，可利用编辑工具对当前扫描的单组数据进行编辑，删除数据多余部分或杂点，第一次扫描完成，如图 4-22 所示。

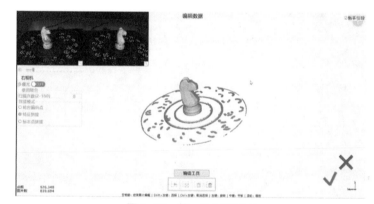

图 4-22　第一次扫描完成

　　观察第一次扫描结果，棋子"马"的底部与头顶部分数据缺失，将棋子倒放在转台上进行第二次扫描，如图 4-23 所示。

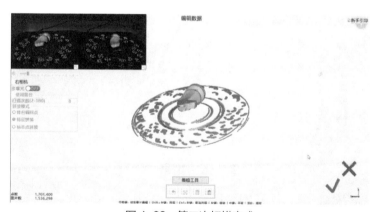

图 4-23　第二次扫描完成

　　第二次扫描完成后，软件会自动将两次扫描结果进行拼接，如图 4-24 所示。

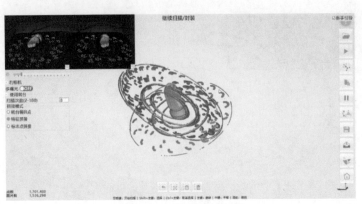

图4-24　自动拼接计算

拼接结果不满意可以进行手动拼接。选择对应的三个点进行拼接计算，如图4-25所示。

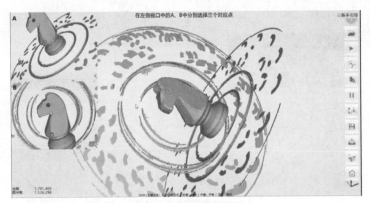

图4-25　手动拼接

扫描完成后，利用编辑工具，选择并删除多余的数据，如图4-26所示。

图4-26　数据处理

Step 6　扫描后处理

数据扫描完成后，对数据进行封装处理，选择"封闭模型"的方式，物体的细节程度选择"中细节"，如图4-27所示。封装过程中，会出现【数据简化】对话框，如图4-28所示，可对数据进行简化、平滑和锐化操作，选择默认值，单击【应用】按钮即可。

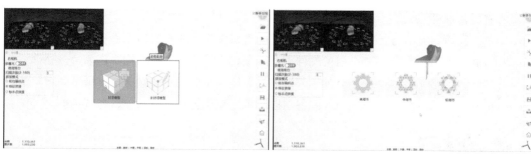

图 4-27　中细节封闭模型

图 4-28　封闭模型结果

Step 7　保存数据

封装完成后，保存文件，保存文件时需要选择 "asc(整体)"，缩放比例选择默认值 100。

本项目后续任务 2 用到的棋子国王的点云数据，其扫描过程与上面棋子马的过程类似，这里不再赘述。

任务 2　棋子国王的逆向建模

ⅠM 学习目标

◉ 知识目标

1. 掌握 Geomagic Design X 软件中逆向建模的一般流程。

2. 掌握 Geomagic Design X 软件中点云处理的相关命令。

3. 掌握 Geomagic Design X 软件中多边形处理的相关命令。

4. 掌握 Geomagic Design X 软件中领域处理的相关命令。

5. 掌握 Geomagic Design X 软件中参考平面、参考线、参考点的建立以及坐标系对齐等操作。

6. 掌握 Geomagic Design X 软件中模型重构的相关命令。

◉ 能力目标

1. 能够利用 Geomagic Design X 软件对国际象棋棋子国王点云数据进行点云处理。
2. 能够利用 Geomagic Design X 软件对国际象棋棋子国王点云数据进行多边形处理。
3. 能够利用 Geomagic Design X 软件对国际象棋棋子国王点云数据进行领域处理。
4. 能够利用 Geomagic Design X 软件对国际象棋棋子国王进行实体模型重构。

任务描述

应用逆向设计软件，对国际象棋棋子国王的扫描数据进行处理，最终实现模型重构。

任务分析

本任务采用 Geomagic Design X 软件进行模型重构，分析国际象棋棋子国王的外形结构特点，先对扫描生成的点云数据进行处理，应用实体建模、曲面建模等工具，实现国际象棋棋子国王的模型重构。

知识链接

逆向设计过程是指设计师对产品实物样件表面进行数字化处理，并利用可实现逆向三维造型设计的软件来重新构造实物的三维 CAD 模型，并进一步用 CAD/CAE/CAM 系统实现分析、再设计、数控编程、数控加工的过程。

本项目中应用 EinScan-Pro 三维扫描仪可得到 ".asc" ".stl" 两种格式的文件，3D 打印通常需要 ".stl" 格式的文件，但是通常扫描完成后生成的 ".stl" 格式模型数据不完整，不能直接用于 3D 打印，所以通常采用 Geomagic Design X 软件对点云数据进行处理，并通过后续逆向建模，通过 NX 软件再生成 ".stl" 格式的文件进行 3D 打印。逆向设计及打印流程如图 4-29 所示。

图 4-29 逆向设计及打印流程

任务实施

活动 1 点云的处理

在对模型进行重构前，首先需要对扫描生成的点云数据进行处理，其详细步骤如下。

Step 1 选择【菜单】|【插入】|【导入】命令，打开【导入】对话框，选择扫描生成的国际象棋棋子国王的 asc 数据文件。在导入对话框中，选中"仅

国王的建模

点云"复选框。单击【仅导入】按钮导入文件，如图 4-30 所示。

图 4-30　导入扫描数据文件

Step 2　选择【点】菜单下的【杂点消除】工具，每个杂点群集内的最大单元点数据设置为 100，如图 4-31 所示。

Step 3　选择【点】菜单下的【采样】工具，选择统一比率的采样方法，对象单元定点数使用默认值，采样比率选择 80%，详细设置勾选"保持边界"，如图 4-32 所示。

图 4-31　杂点消除　　　　　　　　　　　　图 4-32　采样

Step 4　选择【点】菜单下的【平滑】工具，强度和平滑程度选择合适位置，许可偏差采用自动计算，如图 4-33 所示。

Step 5　选择【点】菜单下的【三角面片化】工具，采用构造面片的方式，其余选项使用默认值，如图 4-34 所示。

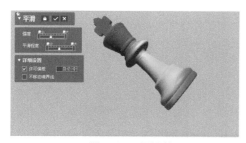
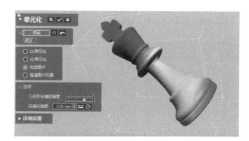

图 4-33　平滑处理　　　　　　　　　　　　图 4-34　三角面片化

活动 2　多边形的处理

Step 1　选择【多边形】菜单下的【修补精灵】工具，参数设置使用默认值，如图 4-35 所示。

Step 2 选择【多边形】菜单下的【整体再面片化】工具,参数设置使用默认值。如图 4-36 所示。

图 4-35 修补精灵

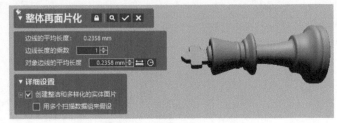

图 4-36 整体再面片化

活动 3 领域的处理

选择【领域】菜单下的【自动分割】工具,进行领域的自动分割计算,如图 4-37 所示。自动分割领域的结果如图 4-38 所示。

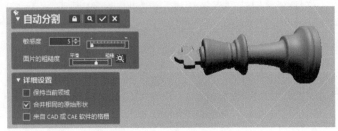

图 4-37 自动分割

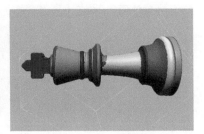

图 4-38 自动分割领域结果

活动 4 对齐坐标系

选择【对齐】菜单下的【对齐向导】工具,选择一个系统提供的合适坐标系,单击完成按钮,观察并确认棋子国王已经摆正,如图 4-39 所示。

图 4-39 对齐坐标系

活动5　模型重构

分析国际象棋棋子国王的外形结构特点得知，可将模型分为两部分：下部的支撑柱和上部的十字架。重构模型时，两部分独立建模。

◆ 下部的支撑柱建模

Step 1　选择【草图】菜单下的【面片草图】工具，选择"平面投影"方式，"基准平面"选择上面，其余设置为默认值，如图4-40所示。

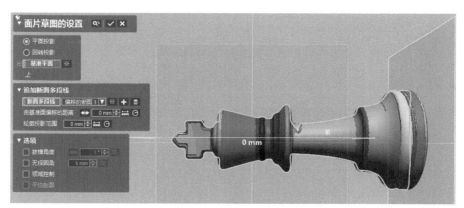

图4-40　面片草图的设置

Step 2　利用草图菜单下的直线、圆弧、剪切等命令绘制面片草图，如图4-41所示。单击【退出】按钮完成草图的绘制。

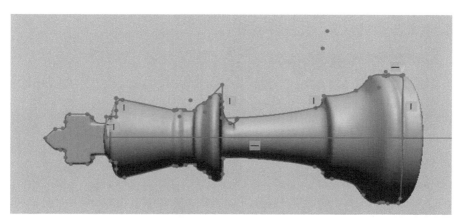

图4-41　绘制面片草图

Step 3　选择【模型】菜单下的【回转】工具，选择上一步绘制的草图作为"基准草图"，轮廓选封闭的草图环路，"轴"选择作为回转轴的直线，单侧方向360°回转，如图4-42所示。

Step 4　选择【模型】菜单下的【圆角】工具，选择"固定圆角"，选择需要倒圆角的图线作为"要素"，将圆角半径的估算值圆整后填入【半径】文本框，其余参数设置为默认值，如图4-43所示。

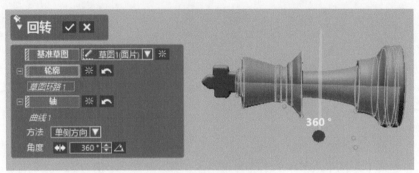

图 4-42 生成回转实体

图 4-43 生成圆角

◆ 上部的十字架建模

Step 1 选择【草图】菜单下的【面片草图】工具，选择"平面投影"方式，"基准平面"选择上面，其余设置为默认值，如图 4-44 所示。

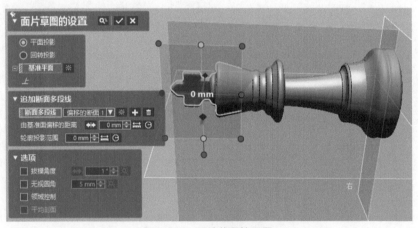

图 4-44 面片草图的设置

Step 2 利用草图菜单下的直线、圆弧、剪切等命令绘制面片草图，单击【退出】按钮完成草图的绘制，如图 4-45 所示。

Step 3 选择【模型】菜单下的【拉伸】工具，选择上一步绘制的面片草图作为"基准草图"，选择封闭的草图环路作为"轮廓"，"方向"选择平面中心对称，移动图中的蓝色箭头至十字架大平面领域处，自动获取拉伸长度，"结果运算"设置为空，如图 4-46 所示。

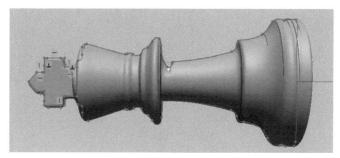

图 4-45　绘制面片草图

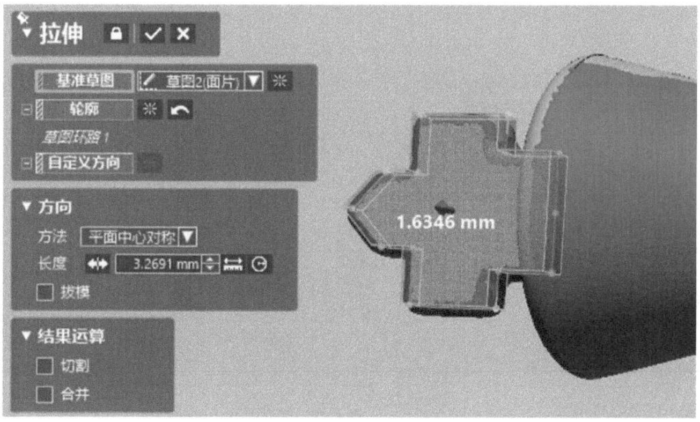

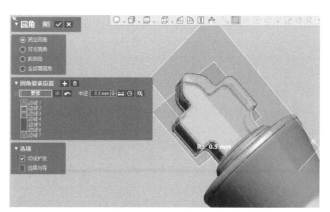

图 4-46　拉伸实体

Step 4　选择【模型】菜单下的【圆角】工具，选择"固定圆角"，选择需要倒圆角的图线作为"要素"，将圆角半径的估算值圆整后填入【半径】文本框，其余参数设置为默认值，如图 4-47 所示。

图 4-47　生成圆角

Step 5　选择【模型】菜单下的【布尔运算】工具，"操作方法"选择合并，"要素"选择下部支撑柱实体与上部十字架实体，将两个实体合并为一个整体，如图 4-48 所示。

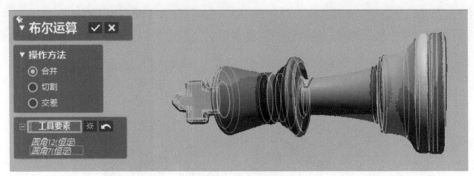

图 4-48 合并实体

Step 6 选择【菜单】|【文件】|【输出】命令，选择实体作为输出"要素"，单击【确定】按钮。将输出文件命名为"棋子国王模型重构"，保存类型选择"STEP File（*.stp）"，单击【保存】按钮。

图 4-49 输出实体

任务 3 棋子马的逆向建模

学习目标

◎ **知识目标**

1. 掌握 Geomagic Design X 软件中不规则曲面模型逆向建模的一般流程。

2. 掌握 Geomagic Design X 软件中点云处理、多边形处理、领域处理的相关命令。

3. 掌握 Geomagic Design X 软件中参考平面、参考线、参考点的建立以及坐标系对齐等操作。

4. 掌握 Geomagic Design X 软件中不规则曲面模型重构的相关命令。

◎ **能力目标**

1. 能够利用 Geomagic Design X 软件对国际象棋棋子马的点云数据进行点云处理、多边形处理、领域处理。

2. 能够利用 Geomagic Design X 软件对国际象棋棋子马进行实体模型重构。

Ⅲ 任务描述

应用逆向设计软件，对国际象棋棋子马的扫描数据进行处理，最终实现模型重构。

Ⅲ 任务分析

本任务采用 Geomagic Design X 软件进行模型重构，分析国际象棋棋子马的外形结构特点，先对扫描生成的点云数据进行处理，应用实体建模、曲面建模等工具，实现国际象棋棋子"马"的模型重构。

Ⅲ 知识链接

本任务中棋子马与任务二中的棋子国王的模型结构有很大的不同，国王模型整体较规则，所有特征都可以通过回转、拉伸等命令完成，而马的模型除了这些规则特征外，还有很多不规则的曲面，这些曲面特征的建模主要通过 Geomagic Design X 软件中的"面片拟合""剪切曲面"等命令来实现。

Ⅲ 任务实施

◉ 活动 1　点云的处理

Step 1　选择【菜单】|【插入】|【导入】命令，打开【导入】对话框，选择国际象棋棋子马的 asc 数据文件。在【导入】对话框中，选中"仅点云"复选框。单击【仅导入】按钮导入文件，如图 4-50 所示。

棋子马的逆向建模 1

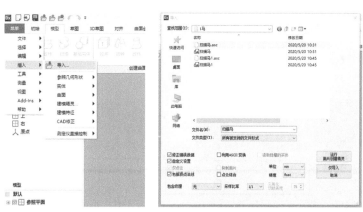

图 4-50　导入点云文件

Step 2　选择【点】菜单下的【杂点消除】工具，每个杂点群集内的最大单元点数据设置为 100，如图 4-51 所示。

Step 3　选择【点】菜单下的【采样】工具，选择统一比率的采样方法，对象单元定点数使用默认值,采样比率选择80%,详细设置勾选"保持边界",如图4-52所示。

图4-51 杂点消除

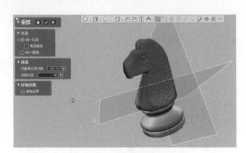
图4-52 采样处理

Step 4 选择【点】菜单下的【平滑】工具,强度和平滑程度选择合适位置,许可偏差采用自动计算,如图4-53所示。

Step 5 选择【点】菜单下的【三角面片化】工具,采用构造面片的方式,其余选项使用默认值,如图4-54所示。

图4-53 平滑处理

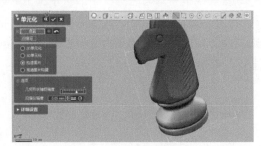
图4-54 面片化处理

活动2 多边形的处理

Step 1 选择【多边形】菜单下的【修补精灵】工具,参数设置使用默认值,如图4-55所示。

Step 2 选择【多边形】菜单下的【整体再面片化】工具,参数设置使用默认值,如图4-56所示。

图4-55 修补精灵

图4-56 整体再面片化

活动 3　领域的处理

选择【领域】菜单下的【自动分割】工具，进行领域的自动分割计算，如图 4-57 所示。自动分割领域的结果如图 4-58 所示。

图 4-57　自动分割

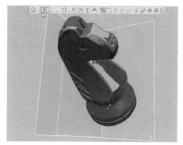

图 4-58　自动分割领域结果

活动 4　对齐坐标系

选择【对齐】菜单下的【对齐向导】工具，选择一个系统提供的合适坐标系，单击完成按钮，观察并确认棋子马已经摆正，如图 4-59 所示。

图 4-59　对齐坐标系

活动 5　模型重构

分析国际象棋棋子马的外形结构特点得知，可将模型分为两部分：下部的支撑柱和上部的马头。重构模型时，两部分独立建模。

◆ 下部的支撑柱建模

Step 1　利用草图菜单下的直线、圆弧、剪切等命令绘制面片草图，单击【退出】按钮完成草图的绘制，如图 4-60 所示。

Step 2　选择【模型】菜单下的【回转】工具，选择草图环路 1 作为回

棋子马的逆向建模 2

转轮廓，选择回转轴线，单侧回转360度，单击完成支撑柱的回转，如图4-61所示。

图4-60 面片草图

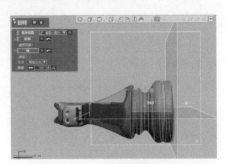

图4-61 回转实体

Step 3 选择【模型】菜单下的【面片拟合】工具，选择底部的平面领域作为拟合领域，参数选择默认值，完成支撑座底面的曲面创建，如图4-62所示。

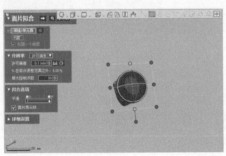

图4-62 面片拟合

Step 4 选择【模型】菜单下的【切割】工具，工具要素选择面片拟合1，对象体选择棋子马下部支撑座的回转体，残留体选回转体的上部。单击✔按钮，切除支撑座底部多余实体，如图4-63所示。

Step 5 选择【模型】菜单下的【圆角】工具，选择"固定圆角"，"要素"选择需要倒圆角的边线，圆角半径设置为2mm，选项默认为切线扩张，单击✔按钮，完成圆角的创建，如图4-64所示。

Step 6 关闭面片，查看棋子马的下部支撑柱建模情况，如图4-65所示。

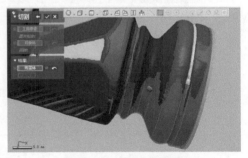

图4-63 曲面切割实体

图4-64 圆角

图4-65 马下部支撑柱实体

◆ 上部马头建模

Step 1　选择【草图】菜单下的【面片草图】工具，选择"平面投影"方式，选择前面作为基准面，基准面偏移的距离选择默认值 0，轮廓投影范围设置为 50，将整个马头包容在投影范围内。其余选项设置为默认值，单击 ✅ 按钮。如图 4-66 所示。

Step 2　应用草图工具中的直线、圆弧、剪切、圆角等作图工具，完成马头轮廓草图的绘制，如图 4-67 所示。单击【退出】按钮完成草图绘制。

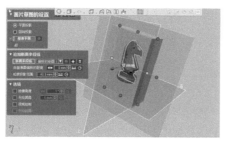
图 4-66　面片草图

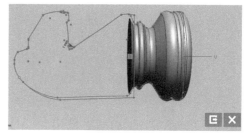
图 4-67　绘制草图

Step 3　选择【模型】菜单下的【拉伸】工具，"基准草图"选择面片草图 2，"轮廓"选择上一步绘制的马头草图环路，"方向"选择距离，长度设置 15mm，其余均设置为默认值，如图 4-68 所示。单击 ✅ 按钮完成马头实体的拉伸。

Step 4　选择【模型】菜单下的【面片拟合】工具，选择马头脸部的领域，拟合脸部曲面，如图 4-69 所示。

图 4-68　拉伸实体

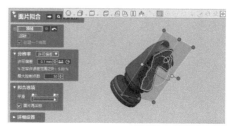
图 4-69　面片拟合

Step 5　重复上一步操作，选择马头背部领域，拟合背部曲面，如图 4-70 所示。

Step 6　选择【模型】菜单栏下的【切割】工具，"工具要素"选择上一步拟合的两个曲面，"对象体"选择马头实体，"残留体"选择需要保留的部分，单击 ✅ 按钮完成切割，如图 4-71 所示。

图 4-70　面片拟合结果

图 4-71　曲面切割实体

Step 7 选择【模型】菜单下的【面片拟合】工具，选择马身体正前方的平面领域，拟合身体正前曲面，如图 4-72 所示。

Step 8 重复上一步操作，选择马左前方的平面领域，拟合身体左前面曲面，如图 4-73 所示。

图 4-72 面片拟合　　　　　　　　　　图 4-73 面片拟合结果

Step 9 选择【3D 草图】菜单下的【3D 面片草图】，沿着马的下巴部分绘制一条样条曲线，如图 4-74 所示。

Step 10 选择【模型】菜单下创建曲面的【拉伸】工具，"基准草图"选择上一步绘制的 3D 面片草图，"轮廓"选择 3D 草图链，"自定义方向"选择前面，即基准面前面的法线方向作为曲面拉伸方向，"方法"选择平面中心对称，长度设置为 30mm，其余参数均选择默认值。单击 ✓ 按钮完成马下巴部分曲面的拉伸。如图 4-75 所示。

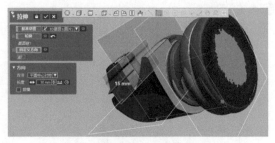

图 4-74 3D 草图　　　　　　　　　　图 4-75 拉伸曲面

Step 11 选择【模型】菜单下的【延长曲面】工具，将马下巴部分对应曲面延长，使该曲面后部与马身正前曲面及马身左前面曲面均有交集，前部超出马身实体，如图 4-76 所示。

Step 12 选择【模型】菜单下的【剪切曲面】工具，"工具"和"对象体"均选择马身正前曲面、马身左前曲面及马下巴曲面，"残留体"选择与马身实体有接触的切割部分，如图 4-77 所示。单击 ✓ 按钮，完成三个曲面的相互剪切。

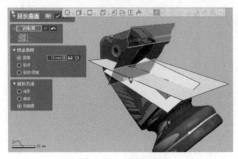
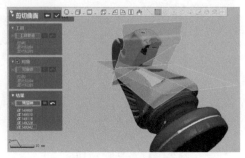

图 4-76 延长曲面　　　　　　　　　　图 4-77 剪切曲面

Step 13 选择【模型】菜单下的【切割】工具，"工具要素"选择上一步完成的剪切曲面，"对象体"选择马身实体，残留体选择需要保留的实体部分，如图 4-78 所示。

Step 14 选择【模型】菜单下的【面片拟合】工具，选择马头顶部分领域，如图 4-79 所示，拟合头顶缺口部分曲面。

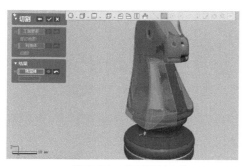

图 4-78　曲面切割实体

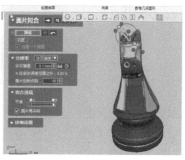

图 4-79　面片拟合

Step 15 选择【模型】菜单下的【切割】工具，利用拟合的头顶缺口曲面，对马身实体进行切割，如图 4-80 所示。

Step 16 重复以上【面片拟合】和【切割】操作，分别对马头的马嘴、马脸、马身等各个部分进行细节修剪，如图 4-81 所示。

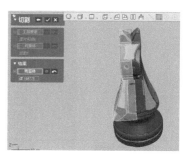

图 4-80　曲面切割实体

图 4-81　曲面切割实体

Step 17 选择【模型】菜单下的【圆角】工具，选择"固定圆角"，"要素"选择需要倒圆角的边线，圆角半径由面片估算后取圆整值，选项默认为切线扩张，如图 4-82 所示。单击 ✔ 按钮，完成圆角的创建。效果如图 4-83 所示。

图 4-82　圆角　　　　　图 4-83　完成圆角

Step 18　选择【模型】菜单下的【镜像】工具，"体"选择马身实体，"对称平面"选择基准面前面，单击 ✔ 按钮，镜像马身实体的另一半，如图 4-84 所示。

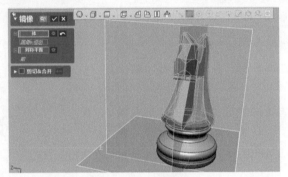

图 4-84　镜像实体

◆ 棋子马上下部分合并及文件保存

Step 1　选择【模型】菜单下的【布尔运算】工具，"操作方法"选择"合并"，"工具要素"选择马身两部分实体以及支撑柱实体，单击【确定】按钮，将三个实体合并为一个整体。如图 4-85 所示。

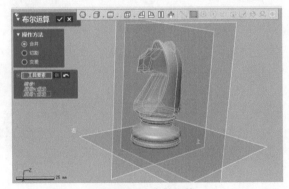

图 4-85　合并实体

Step 2　完成棋子马的模型重构后，选择下拉菜单【菜单】|【文件】|【输出】，选择实体，弹出【输出】对话框，选择所需要保存的文件类型，单击【保存】按钮，如图 4-86 所示。

图 4-86　输出文件

任务 4　棋子的 3D 打印

(IM) 学习目标

◎ 知识目标

1. 掌握 3D 打印的一般流程及切片软件的使用方法。

2. 掌握极光尔沃 A8S 打印机的操作方法。

◎ 能力目标

1. 能够利用极光尔沃 3D 打印机自带的前处理软件 JGcreat 进行切片处理。

2. 能够对设计的模型应用极光尔沃 A8S 打印机进行 3D 打印。

(IM) 任务描述

应用极光尔沃 A8S 的 3D 打印机，将任务 2、任务 3 中设计的棋子国王和马进行 3D 打印。

(IM) 任务分析

在进行 3D 打印前，首先需要对在三维软件中设计的模型进行格式转换，转换成一般 3D 打印软件能够识别的 STL 格式。后续通过 3D 打印机配套的软件进行切片处理，生成 3D 打印机能够识别的格式后再进行打印。多个棋子可以一次切片处理后同时打印。

(IM) 知识链接

本任务采用极光尔沃公司的 FDM 成型技术的 3D 打印机，设备型号为 A8S，设备结构如图 4-87 所示，设备详细参数见表 4-3。此打印设备自带切片软件 JGcreat，在打印前需先在电脑上安装此切片软件，打开 .stl 格式的文件，通过切片软件将模型切片，生成 Gcode 代码文件。

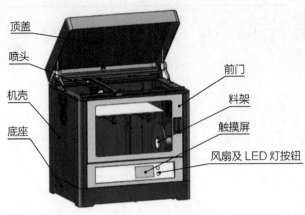

图 4-87　A8S 打印机

顶盖
喷头
机壳
底座
前门
料架
触摸屏
风扇及 LED 灯按钮

表 4-3　3D 打印机设备参数表

型号：A8S	机器尺寸：620mm×450mm×600mm
层厚：0.05~0.3mm（推荐 0.1mm）	机器重量：34.8kg
打印速度：10~150mm/s（推荐 30~60mm/s）	包装尺寸：740mm×560mm×720mm
喷嘴温度：室温至 250℃	包装重量：42.8kg
喷嘴直径：0.4mm	成型尺寸：350mm×250mm×300mm
热度温度：室温至 110℃（推荐 50℃）	平台制造材料：黑金刚平台
耗材倾向性：PLA/TPU/ABS 等	控制面板：4.3 英寸电容触摸屏
耗材直径：1.75mm	打印方式：U 盘
软件语言：简体中文 / 英文	支持文件格式：STL、OBJ、GCode
环境要求：温度 5~40℃，湿度 20%~50%	操作系统：Windows7/Windows10/XP
电源规格：AC 110/220V 可选	上位机软件：Cura/JGcreat（64 位）

任务实施

活动 1　棋子的格式转换

在进行 3D 打印前，首先需要对在三维软件中设计的模型进行格式转换，转换成一般 3D 打印软件能够识别的 stl 格式。

国王格式转换

棋子国王格式转换具体步骤如下。

Step 1　选择下拉菜单【菜单】|【文件】|【输出】命令，弹出【输出】对话框，单击选择实体模型，如图 4-88 所示，单击"✔"按钮，弹出【输出】对话框，"保存类型"选择"STEP File (*.stp)"，修改保存文件名，如图 4-89 所示，单击【保存】按钮。

Step 2　打开 NX 软件，打开文件"国王 .stp"，选择下拉菜单【文件】|【导出】|【STL】命令，系统弹出【STL 导出】对话框，选择国王模型，如图 4-90 所示，单击【确定】按钮，即完成格式转换。

图 4-88　国王输出界面

图 4-89　国王保存对话框

图 4-90　文件导出界面

棋子马的格式转换步骤与棋子国王相同，这里不再详述。

活动 2　棋子国王和马的 3D 打印

为了提高打印效率，本活动采取棋子国王与棋子马一起打印的方式，其步骤如下。

Step 1　打开 JGcreat2.5.0 软件，添加打印机，选择 A-8S，单击【Add Printer】按钮，如图 4-91 所示。

国际象棋切片

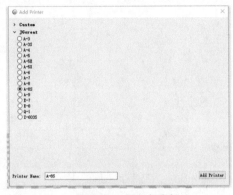 产品数字化设计与3D打印

Step 2 选择下拉菜单【File】|【Open file（s）】命令，弹出【Open file（s）】对话框，在对应的存储位置处选择需要3D打印的棋子国王和马的文件，如图4-92所示，单击【打开】按钮。

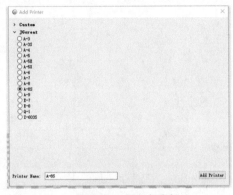

图4-91　添加打印机

图4-92　打开文件

Step 3 鼠标左键单击棋子模型，单击【Rotate】旋转工具，将棋子马和棋子国王合理放置在打印机中央，注意两个模型不能有干涉，如图4-93所示。

Step 4 设置打印机相关参数，如图4-94所示。Material(材料)选择PLA，Profile(配置文件)选择PLA普通质量，infill（填充）选择20%，勾选Generate Support（打印支撑结构）和Build Plate Adhesion（打印平台黏附力）。

软件会根据上一步设置的打印质量进行自动切片计算，并生成Gcode代码。

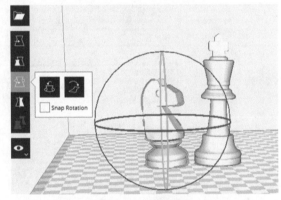

图4-93　旋转模型

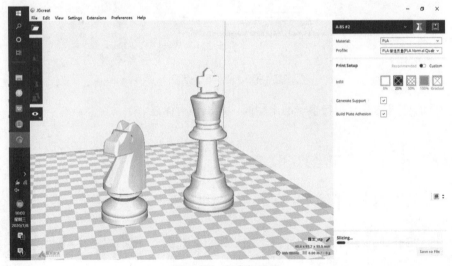

图4-94　打印机设置

Step 5 软件右下角会显示自动切片之后估算的打印时间，单击【Save to File】按钮保存文件到指定位置，如图 4-95 所示。注意保存 Gcode 代码的文件名不可以是中文，可以是任意的字母或者数字。将保存好的 Gcode 代码拷贝到打印机标配 U 盘的根目录下。

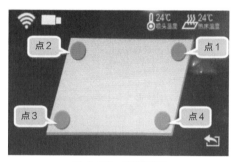

图 4-95 保存文件

Step 6 打开打印机电源，通过单击机器主界面上的【调平】按钮进入调平界面，如图 4-96 所示。

单击【调平】按钮，机器自动回原点，通过单击调平界面对应的点让喷头移动到相应的位置后按下述方法调整平台。如图 4-97 所示。

准备好一张 A4 纸 / 调平卡，喷头移动到对应的点后，将 A4 纸 / 调平卡平铺于喷头的下方并抽拉 A4 纸 / 调平卡，若 A4 纸 / 调平卡过松，则顺时针松一些调平旋钮；若 A4 纸 / 调平卡过紧，则逆时针紧一些调平旋钮。

图 4-96 调平界面

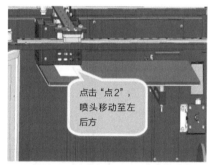
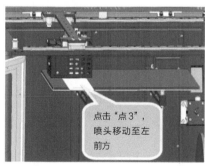
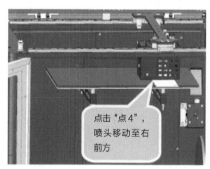

图 4-97 调平操作

Step 7 安装耗材。单击【预热】按钮进入预热菜单，选择 PLA 材料，如图 4-98 所示。

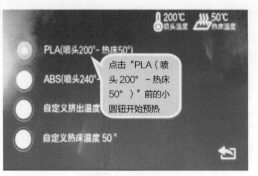

图 4-98 预热

在预热过程中，安装料架，并将耗材装上料架。安装完成后，拉动耗材前端，料盘沿顺时针方向转动。安装耗材和检验耗材安装成功的方法如图 4-99 和图 4-100 所示。

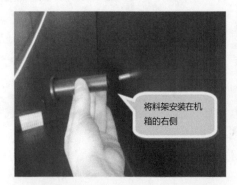

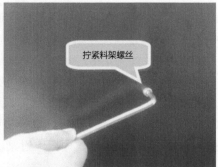

图 4-99 安装耗材

图 4-100 检验耗材安装成功

Step 8 打印模型：将拷贝了棋子模型的打印 Gcode 代码文件的标配 U 盘插入机器上 USB 口，然后单击主菜单中的【打印】按钮进入打印菜单，选择要打印的模型，如图 4-101 所示。单击【开始】按钮，等温度达到后，机器自动开始打印，直至结束，打印过程如图 4-102 所示。

图 4-101　打印模型

图 4-102　打印模型过程监控

Step 9 棋子打印完成后打开设备柜门，用铲刀取出打印好的模型，去除辅助材料，使用砂纸、小刀、挫等工具对模型进行修整。最终打印及处理后的棋子如图 4-103 所示。

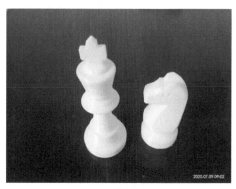

图 4-103　最终打印棋子图片

项目测评

一、单选题

1. EinScan–Pro 手持式三维扫描仪没有提供以下哪种扫描模式？（　　）
   A. 固定扫描　　　　　　　　　　　　B. 固定精细扫描
   C. 手持精细扫描　　　　　　　　　　D. 手持快速扫描

2. Geomagic Design X 软件能导入的点云文件名后缀为（　　）。
   A. .STL　　　　B. .prt　　　　　　C. .asm　　　　　D. asc

3. 以下的 Gcode 代码文件名，哪个是错误的？（　　）
   A. 123.gcode　　B. Abc.gcode　　　C. 马模型 .gcode　　D. abc123.gcode

二、简答题

1. 逆向设计的一般流程是什么？
2. 逆向工程常用的领域有哪些？

综合训练篇

电吹风手柄的数字化设计与 3D 打印

项目 5

主要内容

电吹风是日常生活中一种常见的物品，如果不小心摔坏了手柄的其中一半壳体，除了重新买个新的，可否利用我们所学的知识自己动手进行修补？答案是肯定的。本项目介绍了通过三维扫描仪扫描出完好的那半手柄，利用逆向设计软件还原零件形状，再利用三维设计软件设计出与之配合的另一半手柄，最后通过 3D 打印解决此问题。

本项目根据 2019 年中国技能大赛（第十七届全国机械行业职业技能竞赛）工具钳工大项中原型创新设计与制造赛项的题目进行设计，综合考察三维扫描、逆向设计、正向设计、3D 打印等相关内容。

本项目介绍了常用的扫描仪的操作，点云数据的处理，逆向设计及正向设计的一般设计流程，并对设计的产品进行 3D 打印。

任务 1　手柄 2 的逆向设计

学习目标

◉ **知识目标**

1. 掌握 EinScan-Pro 三维扫描仪的基本操作步骤。
2. 掌握 Geomagic Wrap 软件中点云处理的相关命令。
3. 掌握 Geomagic Design X 软件中逆向建模的一般流程。
4. 掌握 Geomagic Design X 软件中逆向建模的常用命令。

◎ 能力目标

1. 能够应用 EinScan-Pro 三维扫描仪进行模型的扫描。

2. 能够应用 Geomagic Wrap 软件对扫描的点云数据进行处理。

3. 能够应用 Geomagic Design X 软件对处理后的面片数据进行逆向建模。

IM 任务描述

图 5-1 是某小家电企业自行研发制造的电吹风。现经过调研论证，认为手柄 1 样式结构需要改进，其他的零件可以沿用原有零件，进行改型设计。

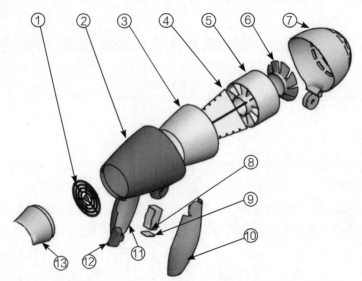

① 过滤网；② 机身；③ 隔热层；④ 十字板；⑤ 风机架；⑥ 风扇；⑦ 尾部；⑧ 按钮座；⑨ 控制盒；
⑩ 手柄 1；⑪ 手柄 2；⑫ 按钮；⑬ 风嘴

注：除⑩及⑪外，其余零件现场均提供，另现场提供手柄 2 的样件。

图 5-1　电吹风

根据提供的手柄 2 样件实物，应用三维扫描仪扫描实物生成点云数据，应用相关软件对点云数据进行封装生成三角网格文件（stl 格式），在 CAD 软件中根据此三角网格文件进行逆向设计，建立三维数字模型。

要求：

1. 提交手柄 2 扫描生成的点云文件（asc 格式）。

2. 提交手柄 2 点云封装生成的三角网格文件（stl 格式）。

3. 提交手柄 2 零件模型（原文件及生成的 stp 格式）。

IM 任务分析

应用 EinScan-Pro 三维扫描仪对手柄 2 进行三维扫描，扫描后得到 ".asc" 格式的三维点云数据，完成对手柄 2 的三维数据采集；利用 Geomagic Wrap 软件对手柄 2 的点云数据进行处理，得到 ".stl" 格式的三角网格文件；利用 Geomagic Design X 软件对手柄 2 进行逆向建模，得到 ".stp" 格式的三维模型。

IM 知识链接

应用 EinScan-Pro 三维扫描仪可得到 ".asc" 格式的点云数据，项目4中直接采用 Geomagic Design X 软件进行点云处理、逆向设计。本项目先采用 Geomagic Wrap 软件对点云数据进行处理、封装，并对网格数据进行初步处理后，导出 ".stl" 格式的文件（Geomagic Wrap 软件在三维扫描后的数据处理方面比 Geomagic Design X 软件效果更好）；后续再用 Geomagic Design X 软件进行逆向设计，逆向设计后得到 ".stp" 格式的文件；用 Siemens NX 软件打开此文件，并进行相关的正向设计，最终导出 ".stl" 格式的文件进行 3D 打印。项目流程图如图5-2所示。

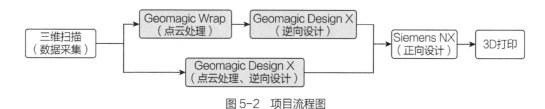

图 5-2　项目流程图

IM 任务实施

活动1　手柄2的数据采集

手柄扫描

手柄2的数据采集选用 EinScan-Pro 三维扫描仪，其操作步骤如下，其他品牌或型号扫描仪操作步骤略有不同，但最终都得到 ".asc" 格式的点云数据或 ".stl" 格式的三角网格文件。

Step 1　双击扫描软件图标，打开软件，选择 EinScan-Pro 设备型号，单击【下一步】，如设备已经标定完成（标定详细步骤项目4中已有介绍），选择【固定扫描】，单击【下一步】，单击【新建工程】，弹出【新建工程】对话框，选择文件保存路径，命名为"手柄2"，选择【非纹理扫描】，单击【应用】，进入固定扫描模式状态，勾选"右相机"复选框、"使用转台"复选框，选择"特征拼接"选项，扫描次数设定为8，如图5-3所示。

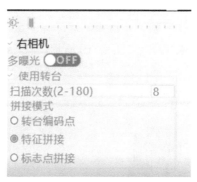

图 5-3　扫描设置

Step 2　将手柄2置于转台上，调整手柄2在转台上的位置，确保手柄2在十字光标中间，调整扫描亮度，如图 5-4 所示，调整好所有参数即可单击【开始扫描】按钮，开始第一次扫描，如图 5-5 所示。扫描完成单击"✓"按钮。

图 5-4　手柄 2 放置 1

图 5-5　手柄 2 第一次扫描

Step 3　翻转手柄 2，调整手柄 2 在转台上的位置，确保手柄 2 在十字光标中间，调整扫描亮度，如图 5-6 所示，调整好所有参数即可单击【开始扫描】按钮，开始第二次扫描，如图 5-7 所示。扫描完成单击"✓"按钮。

图 5-6　手柄 2 放置 2

图 5-7　手柄 2 第二次扫描

Step 4　将手柄 2 侧立（可用油泥临时固定），调整手柄 2 的位置，确保手柄 2 在十字光标中间，调整扫描亮度，如图 5-8 所示，调整好所有参数即可单击【开始扫描】按钮，开始第三次扫描，如图 5-9 所示。扫描完成单击"✓"按钮。

图 5-8　手柄 2 放置 3

图 5-9　手柄 2 第三次扫描

Step 5　将手柄 2 旋转 180° 侧立（可用油泥临时固定），调整手柄 2 的位置，确保手柄 2 在十字光标中间，调整扫描亮度，如图 5-10 所示，调整好所有参数即可单击【开始扫描】按钮，开始第四次扫描，如图 5-11 所示。扫描完成单击"✓"按钮。

图 5-10　手柄 2 放置 4

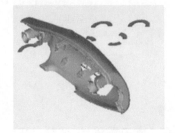
图 5-11　手柄 2 第四次扫描

Step 6　观察生成的点云质量情况，按住 <Shift> 键，单击鼠标左键选择多余点云，按 <Delete> 键删除多余点云数据，如图 5-12 所示。重复执行，直至删除所有多余点云（此步操作也可在后续 Geomagic Wrap 软件中进行）。

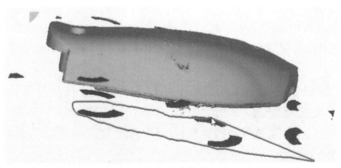

图 5-12　删除多余点云

Step 7　单击【生成网格】按钮，选择【封闭模型】|【高细节】命令，进行数据封装，封装过程中弹出【数据简化】对话框，勾选"平滑"和"锐化"复选框，单击【应用】按钮，如图 5-13 所示。

Step 8　数据封装完成后单击【保存数据】按钮，弹出"另存为"对话框，根据需求勾选".asc"".stl"，设置数据保存路径及文件名，如图 5-14 所示，单击【保存】按钮。弹出缩放比例框，默认缩放比例 100，单击【缩放】按钮，进行数据保存。注：如果点云质量较好，可以直接生成".stl"格式的文件，如果点云质量较差，还需要对点云进行进一步处理，可以先生成".asc"格式的文件，再用其他专业软件进行处理。

图 5-13　【数据简化】对话框　　　　　图 5-14　"另存为"对话框

Step 9　清理扫描仪相关设备及工具。

活动 2　手柄 2 的数据处理

1. 点云阶段

Step 1　启动 Geomagic Wrap 软件，选择下拉菜单【文件】|【打开】命

点云处理

令，系统弹出【打开文件】对话框，查找扫描保存的文件"手柄2.asc"，单击【打开】按钮，在工作区显示载体如图5-15所示。

Step 2　选择非连接项。选择下拉菜单【点】|【选择】|【非连接项】命令，弹出【选择非连接项】对话框，在【分隔】的下拉列表中选择低分隔方式（系统会选择在拐角处离主点云很近但不属于主点云部分的点）。尺寸设置为默认值5.0mm，单击【确定】按钮。点云中的非连接项被选中，并呈现红色。选择下拉菜单【点】|【删除】命令或按<Delete>键进行删除。

Step 3　删除体外孤点。选择下拉菜单【点】|【选择】|【体外孤点】命令，弹出【选择体外孤点】对话框，设置"敏感度"的值为100，单击【应用】按钮。点云中的体外孤点被选中，并呈现红色，如图5-16所示。选择下拉菜单【点】|【删除】命令或按<Delete>键进行删除（此命令宜操作2~3次）。

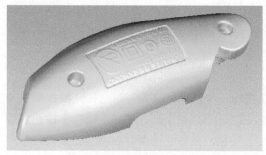

图5-15　手柄2点云的显示

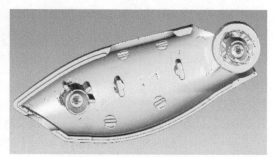

图5-16　删除体外孤点

Step 4　删除非连接点云。单击工具栏中【套索选择工具】按钮，将非连接点云删除。

Step 5　减少噪音。选择下拉菜单【点】|【减少噪音】命令，弹出【减少噪音】对话框，选择【棱柱形（积极）】选项，将平滑度水平调到无；"迭代"设置为5，"偏差限制"设置为0.05mm。选中【预览】复选框，定义预览点为3000（封装和预览的点数量）。选中【采样】复选框，鼠标在模型上选择一小块区域来预览，左右移动"平滑度水平"滑标，同时观察预览区域的图像有何变化，将平滑度水平滑标设置在第二档位，单击【应用】按钮，如图5-17所示。

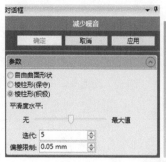

图5-17　【减少噪音】对话框及应用

Step 6　封装数据。选择下拉菜单【点】|【封装】命令，系统弹出【封装】对话框，选择【采样】命令，通过设置点间距来对点云进行采样。可以自主设定目标三角形的数量，设置的数量越大，封装之后的多边形网格越紧密。最下方的滑标可以调节采样质量的高低，可以根据

点云数据的实际特性进行适当调整，封装后的模型如图 5-18 所示。

图 5-18　【封装】对话框及封装后的模型

2. 多边形处理阶段

Step 1　网格医生。单击【网格医生】按钮，系统弹出【网格医生】对话框，系统自动对网格进行检测，单击【应用】按钮，结果如图 5-19 所示。

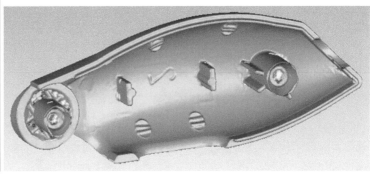

图 5-19　【网格医生】对话框及应用

Step 2　填充。选择下拉菜单【多边形】|【填充单个孔】命令，根据孔的类型选择不同方法进行填充（模型两个孔处不填充），结果如图 5-20 所示。

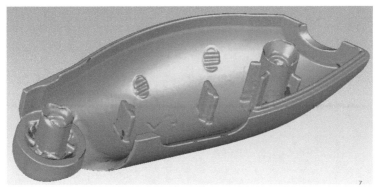

图 5-20　填充孔

Step 3　去除特征。手动方式选择需要去除特征的区域（手柄表面标识处），选择【多边形】

|【去除特征】命令，去除特征前后如图 5-21 所示。

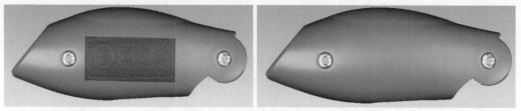

图 5-21　手柄 2 去除特征前后

Step 4　数据保存。单击左上角软件图标，文件另存为"手柄 2.stl"，用于后续逆向建模，最终保存的数据模型如图 5-22 所示。注：保存类型选择"STL(binary) 文件（*.stl）"格式。

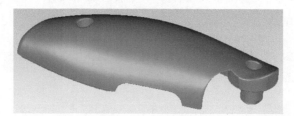

图 5-22　手柄 2 最终效果

活动 3　手柄 2 的逆向建模

1. 坐标系的建立

坐标对齐

Step 1　启动 Geomagic Design X 软件，选择下拉菜单【插入】|【导入】命令，系统弹出【导入】对话框，选择保存的文件"手柄 2.stl"，单击【仅导入】按钮，如图 5-23 所示。

图 5-23　【导入】对话框

Step 2　建立参照平面。选择【模型】|【平面】命令，方法处选择"选择多个点"，单击两手柄配合处平面上至少3个点创建参照平面，如图5-24所示。

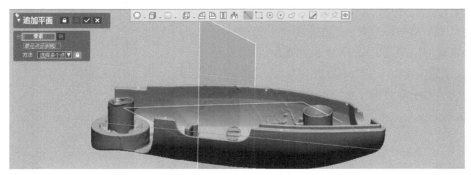

图5-24　参照平面创建

Step 3　选择【草图】|【面片草图】命令，选择平面1，进入面片草图模式，鼠标拖动长箭头向下，切割手柄轮廓，单击朝上的短粗箭头，用鼠标拖动上下位置，如图5-25所示。单击对话框中的"✓"按钮。隐藏片面，参照截面线绘制两个圆，单击工具栏中【创建圆】按钮，单击对应参照线得到两个圆；单击工具栏中【直线】按钮，连接两个圆心，完成直线的创建；单击工具栏中【直线】按钮，绘制水平直线的垂直线，如图5-26所示。

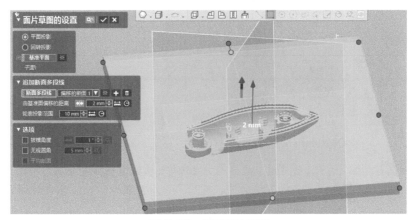

图5-25　切割面片草图

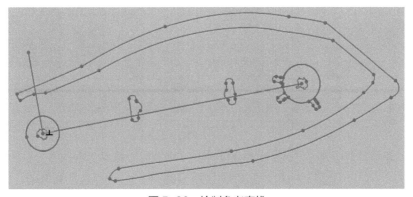

图5-26　绘制参考直线

Step 4 建立坐标系。选择【对齐】|【手动对齐】命令，系统弹出【手动对齐】对话框，单击 "➡" 按钮，选择 "X-Y-Z" 对齐方式，位置选取两直线交点即圆心处，X轴选择水平直线，Y轴选择垂直线，如图5-27所示，设置完成后单击左上角 "✓" 按钮，退出手动对齐模式，坐标系创建完成（用于辅助建立坐标系的参照平面1及草图1在建立坐标系后可隐藏或删除）。

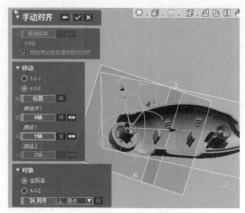

图 5-27　手动对齐

2. 模型主体创建

Step 1 手动分割领域。单击【领域】按钮，选择【画笔选择模式】命令，根据模型特征，手动分割领域，如图 5-28 所示。

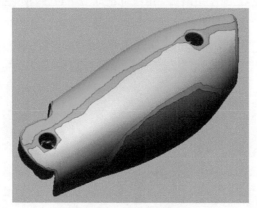

图 5-28　手动分割领域

手柄2 建模主体1

Step 2 面片拟合。选择【模型】|【面片拟合】命令，领域选择绿色区域，单击 "✓" 按钮，如图 5-29 所示，重复执行，选择黄色区域，完成两个面片拟合，如图 5-30 所示。

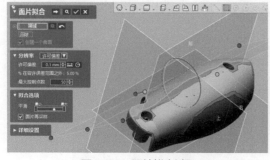

图 5-29　面片拟合过程

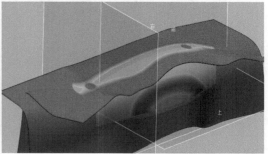

图 5-30　两个面片拟合结果

Step 3 生成切割平面。选择【模型】|【平面】命令，"要素" 选择 "上" 平面，"距离" 设为 "3mm"，单击 "✓" 按钮，生成平面2，如图 5-31 所示，重复执行，反方向3mm处再生成一个平面3。

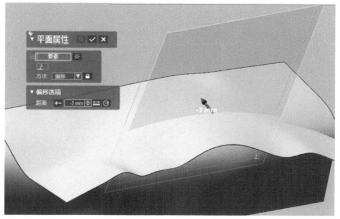

图 5-31　生成切割平面

Step 4　剪切曲面 1。选择【模型】|【剪切曲面】命令，"工具要素"选择 Step3 中生成的"平面 2""平面 3"，"对象体"选择 Step2 中生成的"面片拟合 1""面片拟合 2"，"残留体"选择如图 5-32 所示曲面，单击" ✓ "按钮，完成剪切。

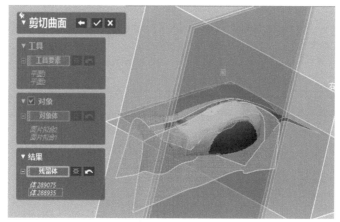

图 5-32　剪切曲面 1

Step 5　草图绘制。选择【草图】|【面片草图】命令，在"前"平面上分别在模型左右端面处绘制两条直线，如图 5-33 所示。

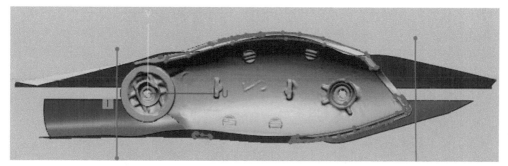

图 5-33　草图绘制 1

Step 6　拉伸面片。选择【模型】|【拉伸】命令，对 Step5 绘制的直线进行拉伸，长度

超出 Step4 剪切面片即可，如图 5-34 所示。

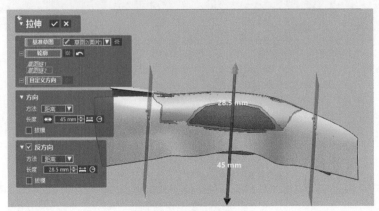

图 5-34　拉伸面片

Step 7　剪切曲面 2。选择【模型】|【剪切曲面】命令，"工具要素"选择 Step6 中生成的拉伸面片，"对象体"选择 Step4 中生成的剪切曲面，"残留体"选择如图 5-35 所示曲面，单击"✓"按钮，完成剪切。

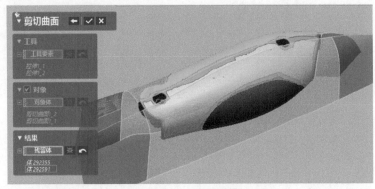

图 5-35　剪切曲面 2

Step 8　放样 1。选择【模型】|【放样】命令，"轮廓"选择 Step7 中生成的剪切曲面 2 的两条边线，"起始约束"及"终止约束"选择"与面相切"，"切线长"输入"1"，如图 5-36 所示，单击"✓"按钮，完成放样。发现放样曲面方向不对。选择【模型】|【反转法线方向】命令，选择放样，如图 5-37 所示，单击"✓"按钮，完成曲面反向。

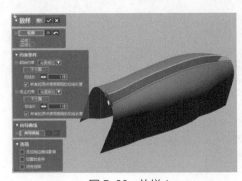

图 5-36　放样 1

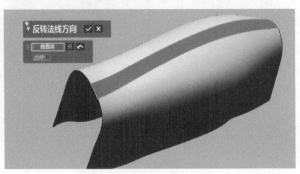

图 5-37　反转法线方向

Step 9　缝合 1。选择【模型】|【缝合】命令，选择前面生成的三个曲面，如图 5-38 所示，单击"✅"按钮，完成缝合。

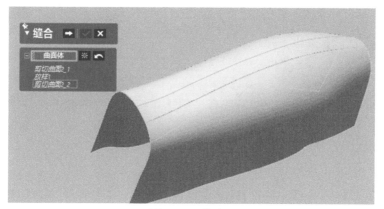

图 5-38　缝合 1

Step 10　面片拟合。选择【模型】|【面片拟合】命令，领域选择红色区域，如图 5-39 所示，单击"✅"按钮，完成面片拟合。

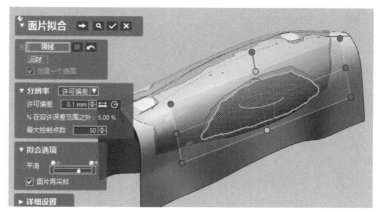

图 5-39　面片拟合

Step 11　草图及拉伸。选择【草图】|【面片草图】命令，单击"样条曲线"，在"上"平面上根据模型轮廓绘制曲线，如图 5-40 所示。选择【模型】|【拉伸】命令，以绘制的样条曲线进行拉伸，长度超出前面生成的曲面即可，如图 5-41 所示。

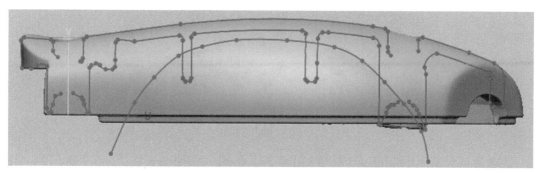

图 5-40　草图绘制 2

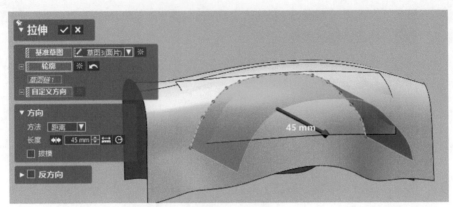

图 5-41 拉伸 1

Step 12 曲面偏移。选择【模型】|【曲面偏移】命令，"面"选择 Step10 生成的面，"偏移距离"输入"1.5mm"，如图 5-42 所示，单击"✔"按钮，完成曲面偏移。

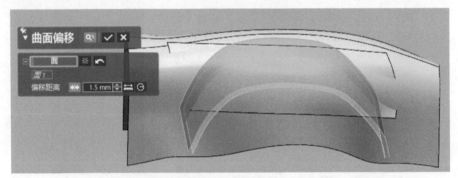

图 5-42 曲面偏移

Step 13 剪切曲面 3。选择【模型】|【剪切曲面】命令，"工具要素"选择 Step10、Step11 中生成的面片，"对象体"选择前面生成的曲面，"残留体"选择如图 5-43 所示曲面，单击"✔"按钮，完成剪切。

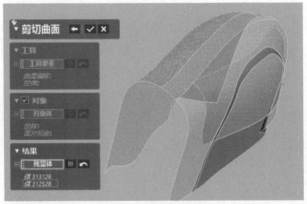

图 5-43 剪切曲面 3

Step 14 剪切曲面 4。选择【模型】|【平面】命令，"要素"选择"前"平面，"距离"输入"2mm"，如图 5-44 所示，生成平面 4。选择【模型】|【剪切曲面】命令，"工具要

素"选择平面 4，"对象体"选择 Step13 生成的曲面，"残留体"选择如图 5-45 所示曲面，单击"✓"按钮，完成剪切。

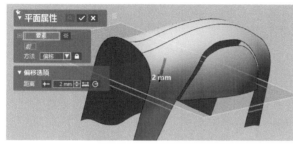

图 5-44　生成剪切平面

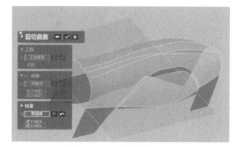

图 5-45　剪切曲面 4

Step 15　放样 2。选择【模型】|【放样】命令，"轮廓"选择图 5-46 所示的两条边线，"起始约束"及"终止约束"选择"与面相切"，"切线长"输入"0.5"，单击"✓"按钮，完成放样。如发现放样曲面方向不对，可选择【模型】|【反转法线方向】命令，选择放样 2，如图 5-47 所示，单击"✓"按钮，完成曲面反向。

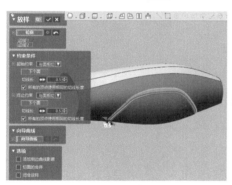

图 5-46　放样 2

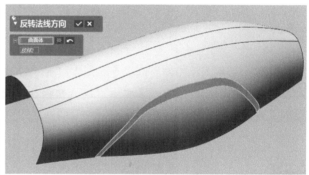

图 5-47　反转法线方向

Step 16　缝合。选择【模型】|【缝合】命令，选择前面生成的三个曲面，如图 5-48 所示，单击"✓"按钮，完成缝合。

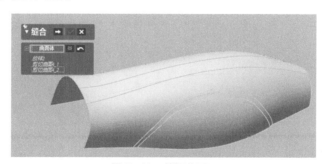

图 5-48　剪切曲面 5

Step 17　草图及拉伸。选择【草图】|【面片草图】命令，单击"直线"，在"前"平面上根据模型轮廓绘制两条直线，如图 5-49 所示。选择【模型】|【拉伸】命令，以绘制的直线进行拉伸，长度超出前面生成的曲面即可，如图 5-50 所示。

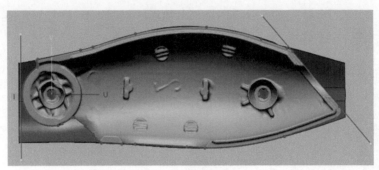

图 5-49　草图绘制 3

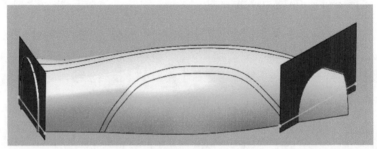

图 5-50　拉伸 2

Step 18　草图及拉伸。选择【草图】|【面片草图】命令，单击【直线】按钮，在"上"平面上根据模型轮廓绘制一条水平直线，如图 5-51 所示。选择【模型】|【拉伸】命令，对绘制的直线进行拉伸，长度超出前面生成的曲面即可，如图 5-52 所示。

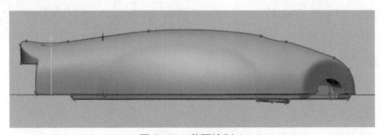

图 5-51　草图绘制 4

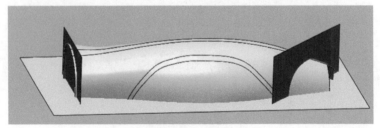

图 5-52　拉伸 3

Step 19　剪切曲面 5。选择【模型】|【剪切曲面】命令，"工具要素"框选前面所有生成的曲面，单击取消【对象】复选框，"残留体"选择如图 5-53 所示曲面，单击"✔"按钮，完成剪切。修剪完成后生成如图 5-54 所示实体。

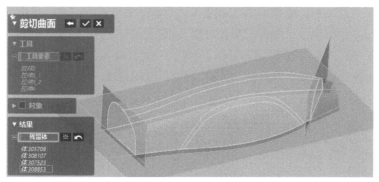

图 5-53 剪切曲面 6

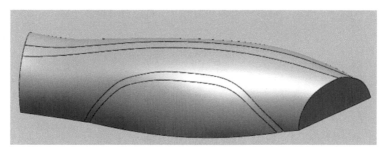

图 5-54 生成实体

Step 20 生成壳体。选择【模型】|【壳体】命令,"体"选择 Step19 生成的实体,"深度"设为"2mm","删除面"选择如图 5-55 所示底面,单击"✓"按钮,完成抽壳。抽壳完成后生成如图 5-56 所示壳体。

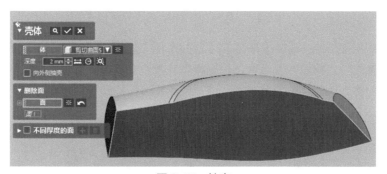

图 5-55 抽壳

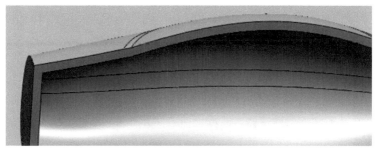

图 5-56 生成壳体

Step 21 草图及拉伸。选择【草图】|【面片草图】命令，在"前"平面或壳体底面上，单击【圆】按钮，根据模型轮廓绘制圆，如图5-57所示。选择【模型】|【拉伸】命令，对绘制的圆进行拉伸，方向"方法"中选择"到体"，选择前面生成的实体，如图5-58所示，"结果运算"中选择"合并"，单击"✓"按钮，完成拉伸。

图5-57　草图绘制5

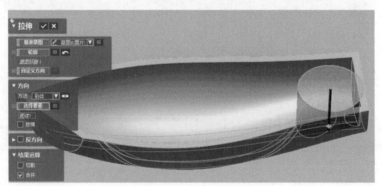

图5-58　拉伸4

Step 22 草图及拉伸。选择【草图】|【面片草图】命令，在"前"平面或壳体底面上，使用"圆""直线""剪切"等命令，根据模型轮廓绘制图形，如图5-59所示。选择【模型】|【拉伸】命令，对绘制的曲线进行拉伸，长度超出实体即可，如图5-60所示。

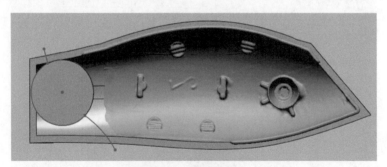

图5-59　草图绘制6

Step 23 切割。选择【模型】|【切割】命令，"工具要素"选择Step22生成的拉伸曲面，"对象体"选择实体，"残留体"选择如图5-61所示。单击"✓"按钮，完成切割。最终生成的模型主体如图5-62所示。

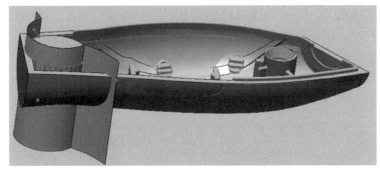

图 5-60　拉伸 5

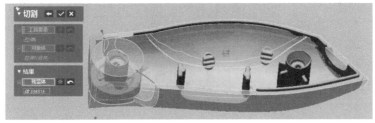

图 5-61　切割

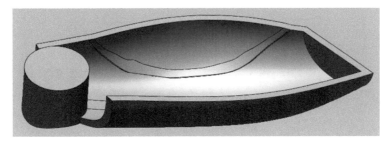

图 5-62　模型主体

3. 模型其余特征创建

Step 1　拉伸。选择【模型】|【拉伸】命令，对模型主体创建部分中 Step21 绘制的圆进行拉伸，方向"方法"选择"距离"，其值设为"8.5mm"选择生成的领域，"结果运算"选中【切割】复选框，如图 5-63 所示，单击""按钮，完成拉伸。

手柄 2 特征 1

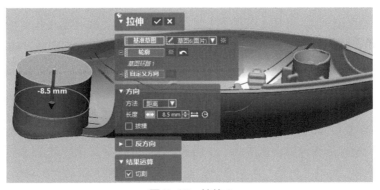

图 5-63　拉伸 1

Step 2　草图及拉伸。选择【草图】|【面片草图】命令，在拉伸（切割）生成的上表面上，单击【圆】按钮，根据模型轮廓绘制两个圆，设置两个圆"同心"，如图5-64所示。选择【模型】|【拉伸】命令，以绘制的两个圆进行拉伸，方向"方法"中选择"距离"，"长度"值设为"1.5mm"，如图5-65所示，"结果运算"选中【切割】复选框，单击"✓"按钮，完成拉伸。

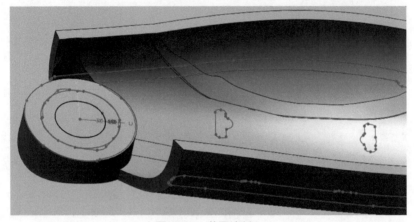

图5-64　草图绘制1

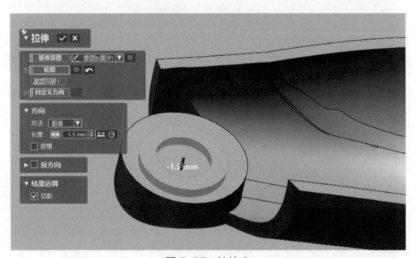

图5-65　拉伸2

Step 3　草图及拉伸。选择【草图】|【面片草图】命令，在Step2拉伸（切割）生成的下底面上，使用"圆""直线""剪切"等命令，根据模型轮廓绘制图形，如图5-66所示。选择【模型】|【拉伸】命令，对绘制的图形进行拉伸，方向"方法"中选择"距离"，"长度"值设为"1mm"，如图5-67所示，"结果运算"选中【合并】复选框，单击"✓"按钮，完成拉伸。

Step 4　草图及拉伸。选择【草图】|【面片草图】命令，选择实体上表面，选择"变换要素"命令，单击中间圆柱外圆轮廓，生成圆，如图5-68所示。选择【模型】|【拉伸】命令，对绘制的圆进行拉伸，方向"方法"中选择"到曲面"，选择壳体平面，如图5-69所示，"结果运算"选中【合并】复选框，单击"✓"按钮，完成拉伸。

图 5-66　草图绘制 2

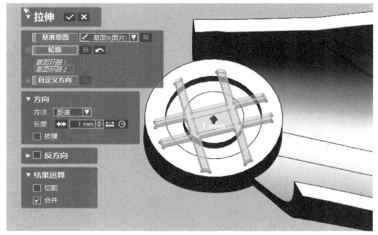

图 5-67　拉伸 3

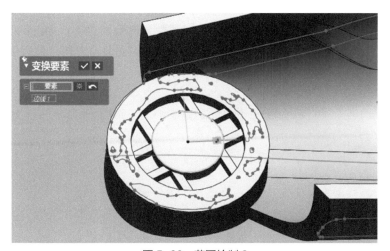

图 5-68　草图绘制 3

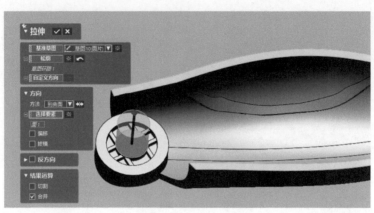

图 5-69　拉伸 4

Step 5 倒角。选择【模型】|【倒角】命令，选择图5-70所示边线，"距离"设为"3mm"，"角度"设为"60°"，单击"✓"按钮，完成倒角。选择【模型】|【圆角】命令，选择图5-71所示边线，选中"固定圆角"，"半径"设为"1mm"，单击"✓"按钮，完成圆角。

图 5-70　倒角 1

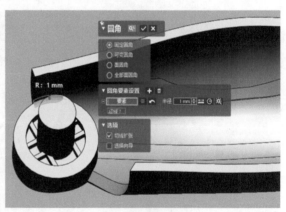

图 5-71　圆角 1

Step 6 草图及拉伸。选择【草图】|【面片草图】命令，在"上"平面上，选择"直线"命令，根据模型轮廓绘制三条直线（直线间距离进行圆整），如图5-72所示。选择【模型】|【拉伸】命令，对绘制的直线进行拉伸，方向"方法"选择"距离"，距离值可任意设置（仅作为参考平面使用），拉伸后如图5-73所示。

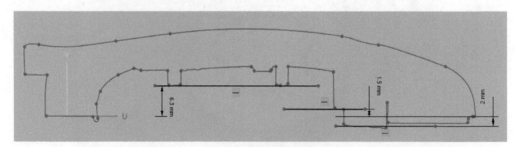

图 5-72　草图绘制 4

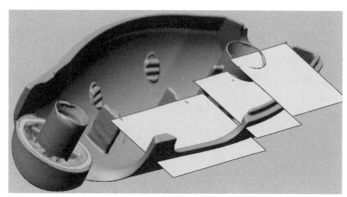

图 5-73　拉伸 5

Step 7　草图及拉伸。选择【草图】|【面片草图】命令，在 Step6 生成的最上面的平面上，选择"圆"命令，根据模型轮廓绘制圆，如图 5-74 所示。选择【模型】|【拉伸】命令，对绘制的圆进行拉伸，方向"方法"中选择"到体"，选择前面生成的实体，如图 5-75 所示，【结果运算】选中【合并】复选框，单击"☑"按钮，完成拉伸。

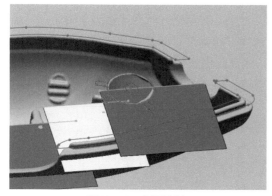

图 5-74　草图绘制 5

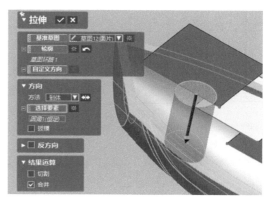

图 5-75　拉伸 6

Step 8　草图及拉伸。选择【草图】|【面片草图】命令，在 Step6 生成的中间的平面上，使用"直线""圆""剪切"等命令，根据模型轮廓绘制图形，如图 5-76 所示。选择【模型】|【拉伸】命令，对绘制的图形进行拉伸，方向"方法"中选择"到体"，选择前面生成的实体，如图 5-77 所示，"结果运算"选中【合并】复选框，单击"☑"按钮，完成拉伸。

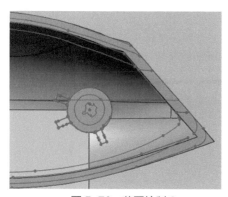

图 5-76　草图绘制 6

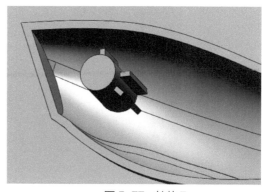

图 5-77　拉伸 7

Step 9 草图及拉伸。选择【草图】|【面片草图】命令，在 Step6 生成的最下的平面上，使用"直线""圆""剪切"等命令，根据模型轮廓绘制图形，如图 5-78 所示。选择【模型】|【拉伸】命令，对绘制的图形进行拉伸，方向"方法"中选择"到体"，选择前面生成的实体，如图 5-79 所示，"结果运算"选中【合并】复选框，单击"✓"按钮，完成拉伸。

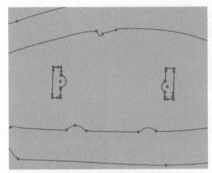
图 5-78 草图绘制 7

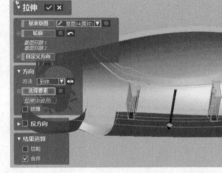
图 5-79 拉伸 8

Step 10 草图及拉伸。选择【草图】|【面片草图】命令，在"上"平面上，选择"圆"命令，根据模型轮廓绘制两个孔所在位置的圆，如图5-80所示。选择【模型】|【拉伸】命令，对绘制的图形进行拉伸，方向"方法"中选择"距离"，距离超出实体，勾选【反方向】复选框，反方向"方法"中选择"距离"，距离超出实体，如图5-81所示，"结果运算"选中【切割】复选框，单击"✓"按钮，完成拉伸。

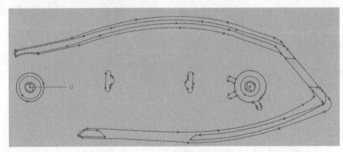
图 5-80 草图绘制 8

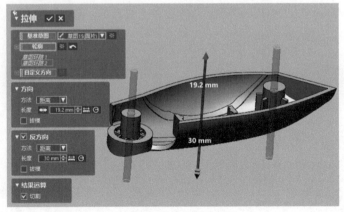
图 5-81 拉伸 9

Step 11　草图及拉伸。选择【草图】|【面片草图】命令，在拉伸的圆柱体上表面，选择"圆"命令，根据模型轮廓绘制大孔所在位置的圆，如图5-82所示。选择【模型】|【拉伸】命令，对绘制的圆进行拉伸，方向"方法"中选择"距离"，其值设定为"3.5mm"，"结果运算"选中【切割】复选框，如图5-83所示，单击"✔"按钮，完成拉伸。

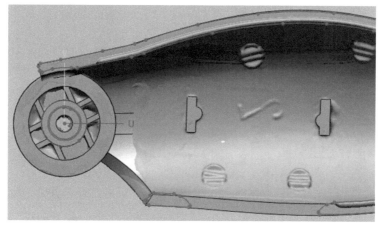

图 5-82　草图绘制 9

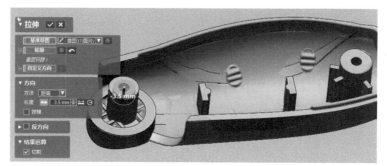

图 5-83　拉伸 10

Step 12　倒角。选择【模型】|【倒角】命令，选择图5-84所示边线，"距离"设为"1.5mm"，"角度"设为"60°"，单击"✔"按钮，完成倒角。

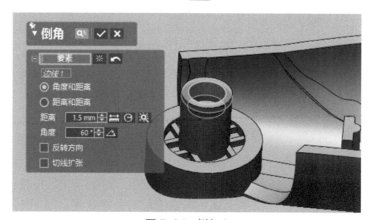

图 5-84　倒角 2

Step 13 草图及拉伸。选择【草图】|【面片草图】命令，在拉伸的圆柱体上表面，使用"圆"命令，根据模型轮廓绘制大孔所在位置的圆，如图 5-85 所示。选择【模型】|【拉伸】命令，对绘制的圆进行拉伸，方向"方法"中选择"距离"，其值设定为"4mm"，"结果运算"选中【切割】复选框，如图 5-86 所示，单击"✓"按钮，完成拉伸。

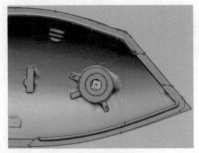

图 5-85　草图绘制 10

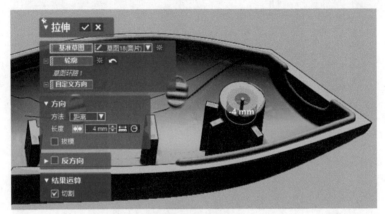

图 5-86　拉伸 11

Step 14 倒角。选择【模型】|【倒角】命令，选择图 5-87 所示边线，"距离"设为"1.5mm"，"角度"设为"60°"，单击"✓"按钮，完成倒角。

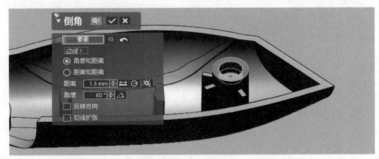

图 5-87　倒角 3

Step 15 生成基准平面。选择【模型】|【平面】命令，以图5-88所示平面为基准，"方法"选择"偏移"，距离设为"-3mm"，单击"✓"按钮，生成基准平面。

手柄 2 建模特征 2

Step 16 草图及拉伸。选择【草图】|【面片草图】命令，以 Step15 生成的平面为基准，选择"圆"命令，根据模型轮廓绘制两个孔所在位置的圆，如图 5-89 所示。选择【模型】|【拉伸】命令，以绘制的圆进行拉伸，方向"方法"中选择"距离"，"长度"设置值为"17.5mm"，"结果运算"选中【切割】复选框，如图 5-90 所示，单击"✓"按钮，完成拉伸。

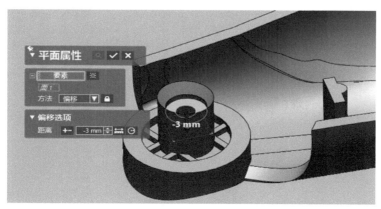

图 5-88　生成平面

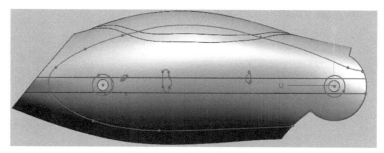

图 5-89　绘制两圆孔草图

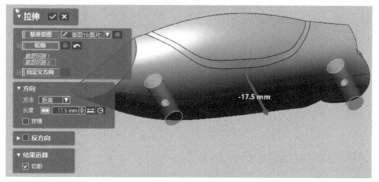

图 5-90　拉伸 12

Step 17　草图及拉伸。选择【草图】|【面片草图】命令，在 "上" 平面上，使用 "圆" "直线" "修剪" 等命令，根据模型轮廓绘制图形，如图 5-91 所示。选择【模型】|【拉伸】命令，对绘制的图形进行拉伸，方向 "方法" 选择 "距离"，"长度" 设置值超出实体区域，"结果运算" 选中【切割】复选框，如图 5-92 所示，单击 "✓" 按钮，完成拉伸。

图 5-91　草图绘制 11

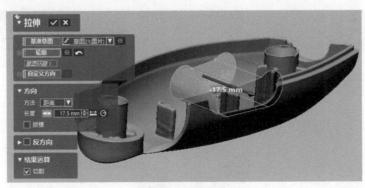

图 5-92　拉伸 13

Step 18　圆角。选择【模型】|【圆角】命令，选择图5-93所示边线，"半径"设为"2.5mm"，单击"✓"按钮，完成圆角。

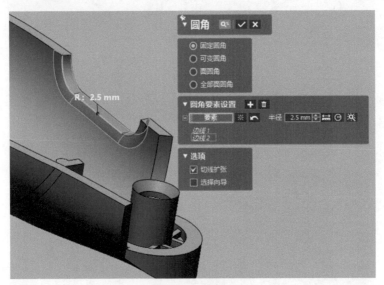

图 5-93　圆角 2

Step 19　草图及拉伸。选择【草图】|【面片草图】命令，在壳体底平面上，使用"变换要素""样条曲线""直线""修剪"等命令，根据模型轮廓绘制图形，如图5-94所示。选择【模型】|【拉伸】命令，以绘制的图形进行拉伸，方向"方法"选择"距离"，"长度"设置值为"1.5mm"，选中【反方向】复选框，反方向"方法"选择"距离"，"长度"设置值为"2.5mm"，如图5-95所示，选中【合并】复选框，单击"✓"按钮，完成拉伸。

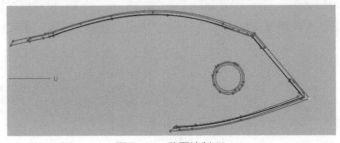

图 5-94　草图绘制 12

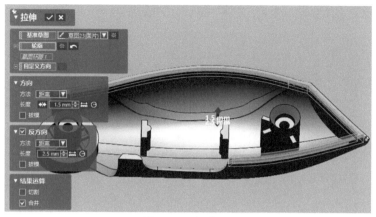

图 5-95 拉伸 14

Step 20 草图及拉伸。选择【草图】|【面片草图】命令，以 Step19 拉伸后的上表面为基准，选择"变换要素""样条曲线""直线""偏移""修剪"等命令，根据模型轮廓绘制图形（距离壳体内部 0.2mm），如图 5-96 所示。选择【模型】|【拉伸】命令，以绘制的图形进行拉伸，方向"方法"选择"距离"，"长度"设置值为"4mm"，如图 5-97 所示，选中【切割】复选框，单击"✅"按钮，完成拉伸。

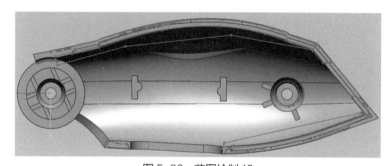

图 5-96 草图绘制 13

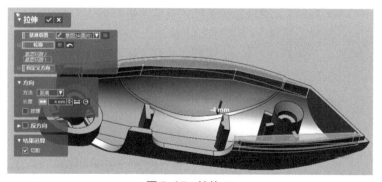

图 5-97 拉伸 15

Step 21 草图及拉伸。选择【模型】|【平面】命令，以右平面为基准，偏移距离设为"18.5mm"，生成基准平面；选择【草图】|【面片草图】命令，以生成的基准平面为基准，如图 5-98 所示，选择"圆"命令，根据孔的轮廓绘制圆。选择【模型】|【拉伸】命令，对绘制的圆进行拉伸，方向"方法"选择"距离"，"长度"设置为"27.5mm"，如图 5-99

所示，选中【切割】复选框，单击 "✓" 按钮，完成拉伸。

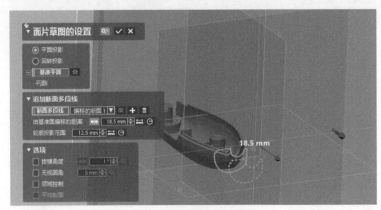

图 5-98　草图绘制 14

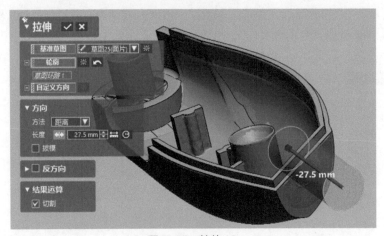

图 5-99　拉伸 16

Step 22　倒角及倒圆角。选择【模型】|【倒角】命令或【模型】|【圆角】命令，将模型各边线处进行倒角或倒圆角，最终完成手柄 2 的模型如图 5-100 所示。

Step 23　输出。选择【菜单】|【文件】|【输出】命令，弹出【输出】选择界面，单击选择实体模型，如图 5-101 所示，单击 "✓" 按钮，弹出【输出】对话框，"保存类型"选择 "STEP File (*.stp)"，修改保存文件名，如图 5-102 所示，单击【保存】按钮。

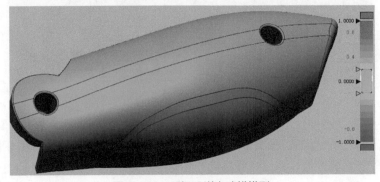

图 5-100　手柄 2 逆向建模模型

图 5-100 手柄 2 逆向建模模型（续）

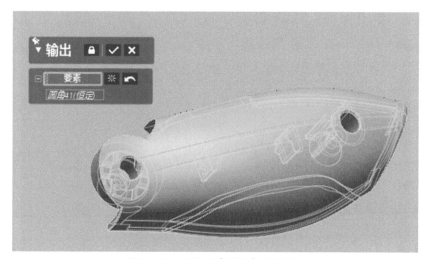

图 5-101 手柄 2【输出】选择界面

图 5-102 手柄 2【输出】对话框

任务 2　手柄 1 的正向设计

🅜 学习目标

◉ 知识目标

1. 掌握 NX 软件中正向建模的一般流程。
2. 掌握 NX 软件中正向建模的常用命令。
3. 掌握 NX 软件中装配的一般流程。

◉ 能力目标

1. 能够利用 NX 软件对在 Geomagic Design X 中的逆向建模模型进行后续的正向设计。
2. 能够利用 NX 软件进行正向建模及装配。

🅜 任务描述

根据提供的手柄 2 模型、逆向建模完成的手柄 2.stp 文件以及机身、按钮、按钮座、控制盒等相关零件，设计手柄 1 并进行三维建模。要求手柄设计合理，握感良好；相关零件能正确装配，按钮松紧适宜，能顺畅上下按动。手柄 1 示意图如图 5-103 所示。

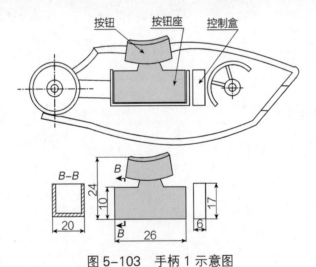

图 5-103　手柄 1 示意图

要求：
1. 提交手柄 1 零件模型（原文件及 Stp 格式）。
2. 提交手柄装配模型（原文件及 Stp 格式）。

🅜 任务分析

在 Geomagic Design X 中将手柄 2 模型上与手柄 1 相同的特征保留，其余特征删除，将文件保存为手柄 1.stp；利用 NX 软件打开手柄 1.stp，在 NX 软件中，根据按钮、按钮座、控制盒等相关零件尺寸进行手柄 1 的后续特征设计；利用 NX 软件进行手柄 1 及手柄 2 的装配。

ⅠⅠⅠ 知识链接

在对模型进行正向设计的过程中，除了要满足基本的功能要求外，还必须考虑到 3D 打印的特点，如 3D 打印的模型必须为封闭的，模型需要一定的厚度，模型的体积不能超出打印机的打印范围等，另外还需考虑打印组件之间的公差配合，需要充分考虑打印材料的热胀冷缩及打印精度对成品零件的影响。3D 打印中常见的连接方式有如下三种。

（1）轴孔配合。一般工业制造中，轴与孔的配合有三种方式，分别为间隙配合、过渡配合和过盈配合。在 3D 打印的产品中，要根据实际情况进行选择，通常选用间隙配合的方式较多。轴与孔在建模时一般会预留 0.1~0.4mm 的间隙，具体根据模型尺寸、结构及材料类型等进行调整。

（2）螺纹配合。3D 打印中的螺纹配合在建模时需要根据打印成型特点、成型精度和材料特性选择合适的牙型、螺旋距等，在打印时需要设置合理的打印参数。建模时考虑配合公差，一般会留 0.1~0.2mm 的间隙，具体根据模型尺寸、结构及材料类型等进行调整。

（3）其他连接方式。3D 打印的产品中，除了轴孔配合、螺纹配合两种连接方式外，一般还会用到斜楔连接、销连接、键连接、花键连接等，也需要在建模时考虑公差配合。

ⅠⅠⅠ 任务实施

活动 1　手柄 1 的正向建模

Step 1　在 Geomagic Design X 软件中，将"手柄 2.xrl"模型中的无关特征删除，删除后的模型如图 5-104 所示。选择【菜单】|【文件】|【输出】命令，弹出【输出】对话框，单击选择实体模型，单击"✓"按钮，弹出【输出】对话框，"保存类型"选择"STEP File (*.stp)"，修改保存文件名为"手柄 1.stp"，如图 5-105 所示，单击【保存】按钮。

手柄 1-1

图 5-104　删除无关特征后手柄 1 模型

Step 2　打开 NX 软件，选择【文件】|【打开】命令，弹出【打开】对话框，选择对应的存储位置，打开"手柄 1.stp"文件，打开后界面如图 5-106 所示。

图 5-105　手柄 1 保存对话框

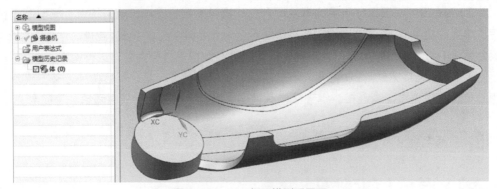

图 5-106　NX 打开模型后界面

Step 3　选择【插入】|【关联复制】|【镜像几何体】命令，弹出【镜像几何体】对话框，"选择对象"单击选择模型实体，"指定平面"选择底面，如图5-107所示，单击【确定】按钮，完成镜像几何体如图5-108所示，选择原始模型，右击，选择"隐藏"命令，隐藏原始模型。

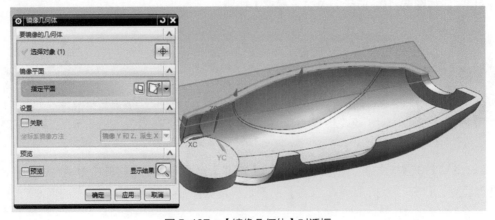

图 5-107　【镜像几何体】对话框

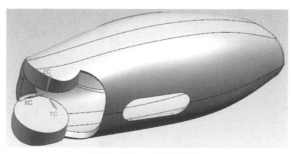

图 5-108　镜像几何体

Step 4　草图及拉伸 1。选择【插入】|【在任务环境中绘制草图】命令，弹出【创建草图】
对话框，单击选择如图 5-109 所示表面，绘制直径分别为 ϕ5.6mm 及 ϕ16mm 的同心圆，
单击"🏁"按钮完成草图绘制。选择【插入】|【设计特征】|【拉伸】命令，弹出【拉伸】
对话框，按如图 5-110 所示设置参数，完成拉伸。

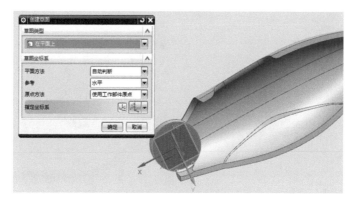

手柄 1-2

图 5-109　创建草图 1

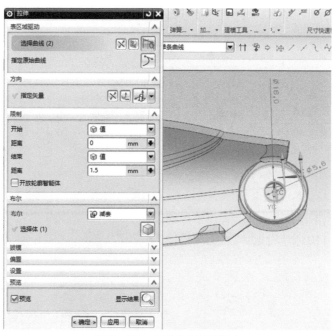

图 5-110　【拉伸】对话框 1

Step 5　拉伸 2。选择【插入】|【设计特征】|【拉伸】命令，弹出【拉伸】对话框，选择 Step4 绘制的 φ5.6mm 圆，按如图 5-111 所示设置参数，完成拉伸。

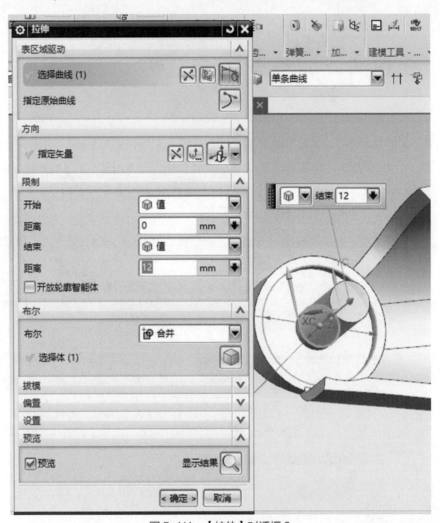

图 5-111　【拉伸】对话框 2

Step 6　草图及拉伸 3。选择【插入】|【在任务环境中绘制草图】命令，弹出【创建草图】对话框，单击选择 Step5 拉伸后生成的底面，利用直线、修剪等命令，绘制如图 5-112 所示草图，单击"▒"按钮完成草图绘制。选择【插入】|【设计特征】|【拉伸】命令，弹出【拉伸】对话框，按如图 5-113 所示设置参数，完成拉伸。

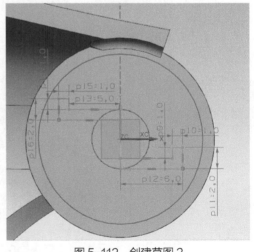

图 5-112　创建草图 2

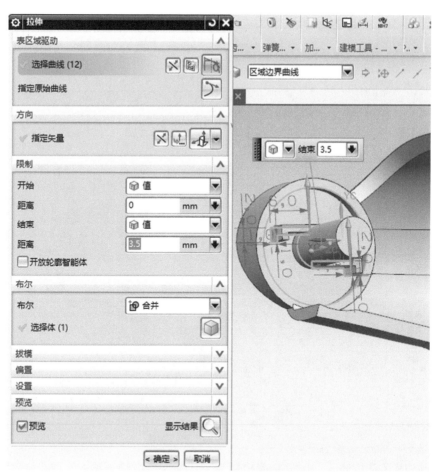

图5-113　【拉伸】对话框3

Step 7　草图及拉伸4。选择【插入】|【在任务环境中绘制草图】命令，弹出【创建草图】对话框，单击选择壳体底面，绘制如图5-114所示草图，单击"🏁"按钮完成草图绘制。选择【插入】|【设计特征】|【拉伸】命令，弹出【拉伸】对话框，按如图5-115所示设置参数，完成拉伸。

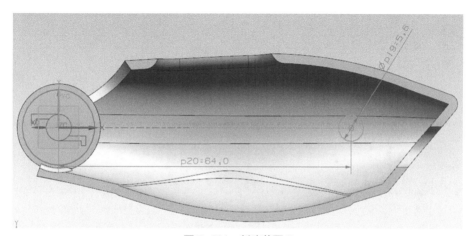

图5-114　创建草图3

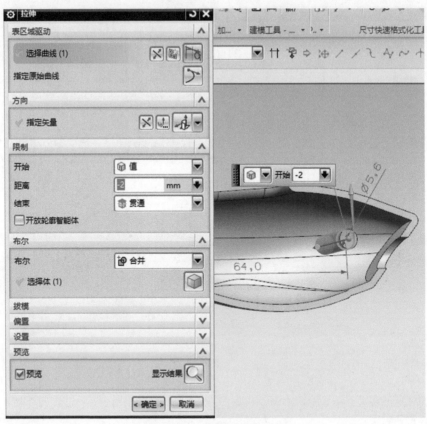

图 5-115　【拉伸】对话框 4

Step 8　草图及拉伸 5。选择【插入】|【在任务环境中绘制草图】命令，弹出【创建草图】对话框，单击选择壳体底面，绘制如图 5-116 所示草图，单击" 🏁 "按钮完成草图绘制。选择【插入】|【设计特征】|【拉伸】命令，弹出【拉伸】对话框，按如图 5-117所示设置参数，完成拉伸。

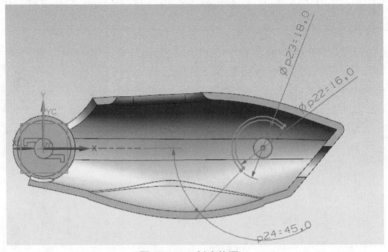

图 5-116　创建草图 4

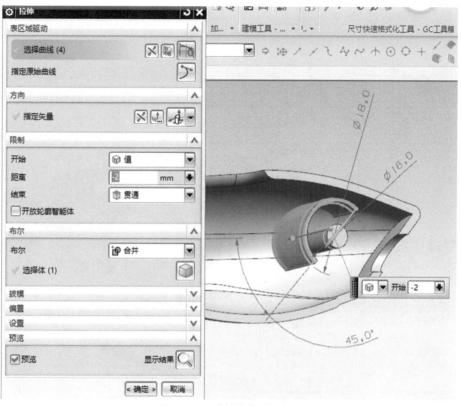

图 5-117　【拉伸】对话框 5

Step 9　草图及拉伸 6。选择【插入】|【在任务环境中绘制草图】命令，弹出【创建草图】对话框，单击选择壳体底面，绘制如图 5-118 所示草图，单击 " 🏁 " 按钮完成草图绘制。选择【插入】|【设计特征】|【拉伸】命令，弹出【拉伸】对话框，按如图 5-119 所示设置参数，完成拉伸。

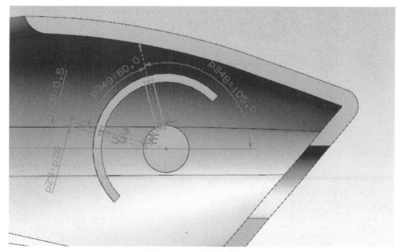

图 5-118　创建草图 5

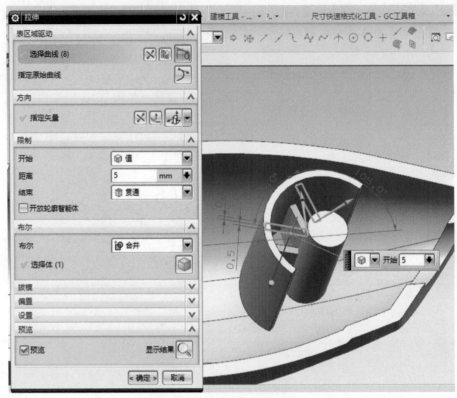

图 5-119 【拉伸】对话框 6

Step 10 草图及拉伸 7。选择【插入】|【在任务环境中绘制草图】命令，弹出【创建草图】对话框，单击选择壳体底面，绘制如图 5-120 所示草图，单击 "⚑" 按钮完成草图绘制。选择【插入】|【设计特征】|【拉伸】命令，弹出【拉伸】对话框，按如图 5-121 所示设置参数，完成拉伸。

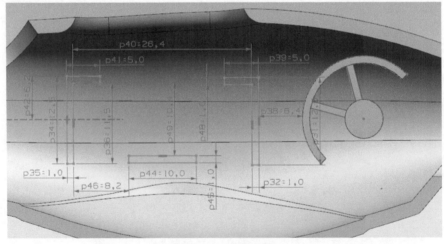

图 5-120 创建草图 6

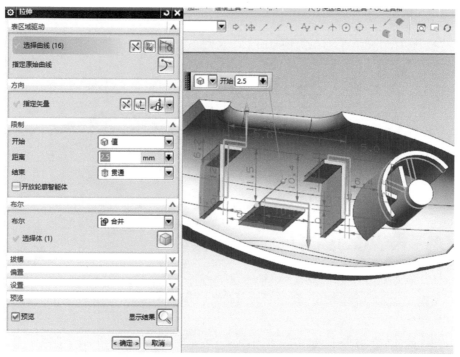

图 5-121　【拉伸】对话框 7

Step 11　草图及拉伸 8。选择【插入】|【在任务环境中绘制草图】命令，弹出【创建草图】对话框，单击选择壳体底面，绘制如图 5-122 所示草图，单击"✖"按钮完成草图绘制。选择【插入】|【设计特征】|【拉伸】命令，弹出【拉伸】对话框，按如图 5-123所示设置参数，完成拉伸。

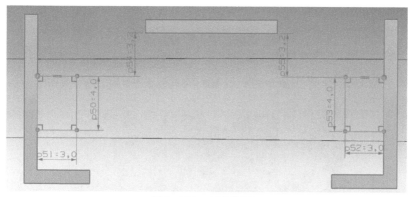

图 5-122　创建草图 7

Step 12　草图及拉伸 9。选择【插入】|【基准/点】|【基准平面】命令，弹出【基准平面】对话框，按如图 5-124 所示创建基准平面。选择【插入】|【在任务环境中绘制草图】命令，弹出【创建草图】对话框，单击选择刚创建的基准平面，绘制如图 5-125 所示草图，单击"✖"按钮完成草图绘制。选择【插入】|【设计特征】|【拉伸】命令，弹出【拉伸】对话框，按如图 5-126 所示设置参数，完成拉伸。

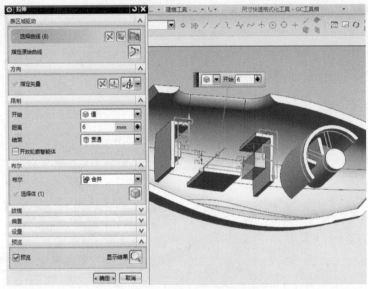

图 5-123 【拉伸】对话框 8

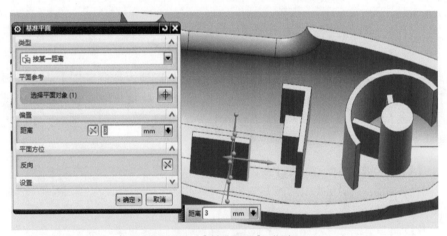

图 5-124 【基准平面】对话框 1

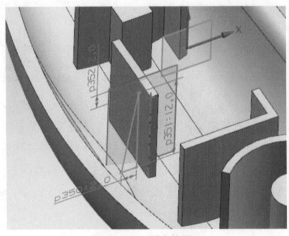

图 5-125 创建草图 8

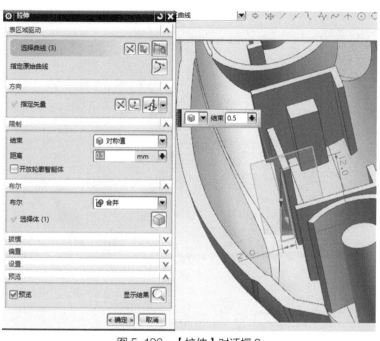

图 5-126　【拉伸】对话框 9

Step 13　镜像特征。选择【插入】|【基准 / 点】|【基准平面】命令，弹出【基准平面】对话框，按如图 5-127 所示创建基准平面。选择【插入】|【关联复制】|【镜像特征】命令，弹出【镜像特征】对话框，按如图 5-128 所示设置参数，完成拉伸。保存文件。

图 5-127　【基准平面】对话框 2

Step 14　草图及拉伸 10。选择【插入】|【在任务环境中绘制草图】命令，弹出【创建草图】对话框，单击选择壳体底面，利用"投影曲线""偏置曲线""直线""快速修剪"等命令绘制如图 5-129 所示草图（偏置后曲线距离壳体内部 0.2mm），单击"✿"按钮完成草图绘制。选择【插入】|【设计特征】|【拉伸】命令，弹出【拉伸】对话框，按图 5-130 所示设置参数，完成拉伸。

手柄 1-3

133

图 5-128　【镜像特征】对话框

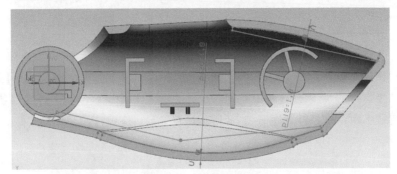

图 5-129　创建草图 9

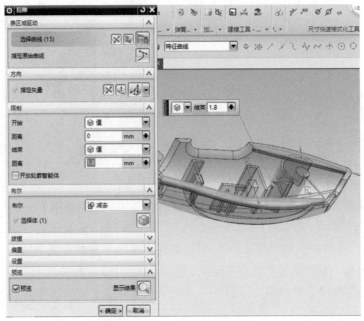

图 5-130　【拉伸】对话框 10

Step 15 生成螺纹孔。选择【插入】|【设计特征】|【孔】命令，弹出【孔】对话框，按如图 5-131 所示设置参数，完成孔设置。选择【插入】|【设计特征】|【螺纹】命令，弹出【螺纹切削】对话框，选择内孔，按如图 5-132 所示设置参数，完成螺纹设置。

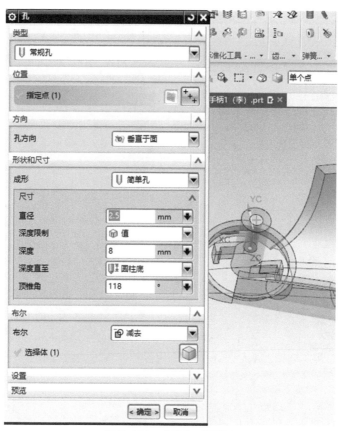

图 5-131 【孔】对话框 1

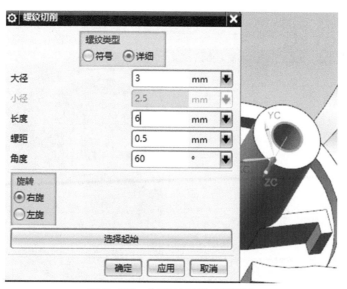

图 5-132 【螺纹切削】对话框 1

Step 16　生成螺纹孔 2。选择【插入】|【设计特征】|【孔】命令，弹出【孔】对话框，按如图 5-133 所示设置参数，完成孔设置。选择【插入】|【设计特征】|【螺纹】命令，弹出【螺纹切削】对话框，选择内孔，按如图 5-134 所示设置参数，完成螺纹设置。

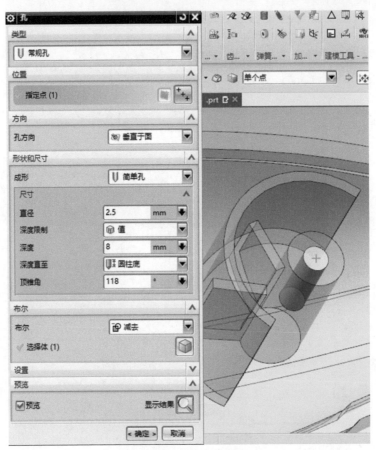

图 5-133　【孔】对话框 2

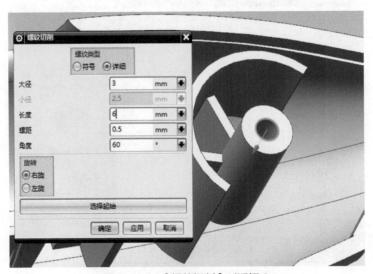

图 5-134　【螺纹切削】对话框 2

⊜ 活动 2　手柄 1 和手柄 2 的装配

为了验证手柄 1、手柄 2 的数字化模型尺寸匹配情况，可将完成的两个手柄进行装配。其详细步骤如下。

Step 1　选择下拉菜单【文件】|【新建】命令，系统弹出【新建】对话框。在【模板】选项卡中选取模板类型为【装配】，在"名称"文本框中输入"手柄装配"。单击【确定】按钮，进入装配环境。

Step 2　选择【菜单】|【装配】|【组件】|【添加组件】命令，添加模型"手柄 2.prt"，同样的步骤添加模型"手柄 1.prt"，通过"装配约束"限定手柄 1 和手柄 2 的相对位置，最终完成手柄装配，如图 5-135 所示。

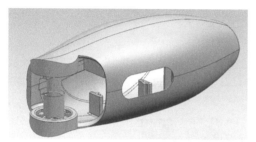 

图 5-135　手柄装配模型

任务 3　手柄的 3D 打印

(IM) 学习目标

◉ **知识目标**

1. 掌握光固化 3D 打印的一般流程。
2. 掌握光固化 3D 打印机切片软件的使用方法。
3. 掌握光固化打印后处理的步骤。

◉ **能力目标**

1. 能够利用切片软件进行打印前处理。
2. 能够对设计的模型应用光固化 3D 打印机进行 3D 打印。
3. 能够对打印后的模型进行后处理。

(IM) 任务描述

根据任务 1 及任务 2 中设计的手柄 1、手柄 2 的 STL 模型数据，使用光固化打印机，合理设置参数，完成手柄 1、手柄 2 的 3D 打印，去除支撑并进行后处理。打印完成后需完善手柄 1、手柄 2 零件的表面，对零件表面进行修补、打磨等后处理。

要求：提交 3D 打印及后处理完成的手柄 1 及手柄 2 实物。

任务分析

在进行 3D 打印前，首先需要对在三维软件中设计的模型进行格式转换，转换成一般 3D 打印软件能够识别的 STL 格式。后续通过 3D 打印机配套的软件进行切片处理，生成 3D 打印机能够识别的格式后再进行打印。其工作流程如图 5-136 所示。

图 5-136 3D 打印流程图

知识链接

本任务采用创想三维公司的光固化 3D 打印设备，此打印设备自带切片软件 3D Creator Slicer for LCD，设备型号为 CT-005，设备图如图 5-137 所示，设备详细参数如表 5-1 所示。

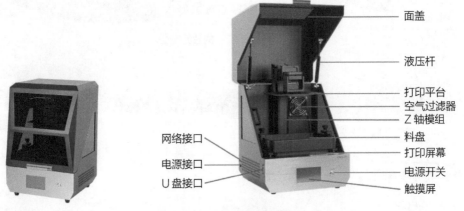

图 5-137 CT-005 设备图

表 5-1 3D 打印机设备主要参数表

成型尺口	192mm×120mm×200mm	额定电压	输入 100~220V
成型技术	LCD	输出电压	24V
X,Y 分辨率	75μm（2560×1600）	额定功率	140W
打印层厚	0.02mm	打印速度	20mm/h
操作方式	4.3 英寸触摸屏	光源配置	紫外线集成灯珠（波长 405nm）
Z 轴精度	±0.002mm	中英文切换	支持
打印材料	普通刚性光敏树脂	切片支持格式	STL
切片软件	3D Creator（中英）	设备净重	22.5KG
打印方式	U 盘 /WIFI/ 网线	电脑操作系统	XP / WIN7 / WIN8 / WIN10 / Vista / MAC

IM 任务实施

🕸 活动 1　手柄的格式转换

在进行 3D 打印前，首先需要对在三维软件中设计的模型进行格式转换，转换成一般 3D 打印软件能够识别的 stl 格式。

手柄 1 格式转换具体步骤如下。

打开 NX 软件，打开文件"手柄 1.prt"，选择下拉菜单【文件】|【导出】|【STL】命令，系统弹出【STL 导出】对话框，选择手柄 1 模型，如图 5-138 所示，单击【确定】按钮，即完成格式转换。

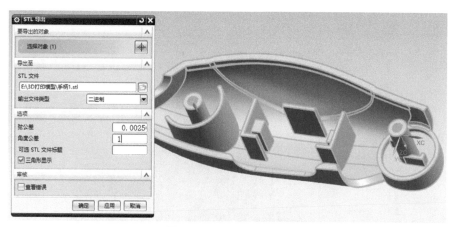

图 5-138　文件导出界面

手柄 2 的格式转换步骤与手柄 1 相同，这里不再详述。

🕸 活动 2　手柄 1 和手柄 2 的 3D 打印

本任务采用创想三维公司的 CT-005 打印设备，此打印设备自带切片软件 3D Creator Slicer for LCD，打印前需在电脑上安装此专用切片软件。手柄 1 和手柄 2 模型尺寸不大，可以一次打印，具体切片步骤如下。

1. 模型切片

Step 1　添加模型。打开 3D Creator Slicer for LCD 软件，选择下拉菜单【文件】|【添加模型】命令，弹出【打开模型】对话框，在对应的存储位置处选择需要 3D 打印的手柄 1 及手柄 2 文件，如图 5-139 所示，单击【打开】按钮。打开后模型如图 5-140 所示。

光固化切片

Step 2　调整模型位置。单击左侧【模型动作】下"移动""缩放""水平旋转""垂直旋转"按钮，输入对应的数值，将模型放置至如图 5-141 所示位置。

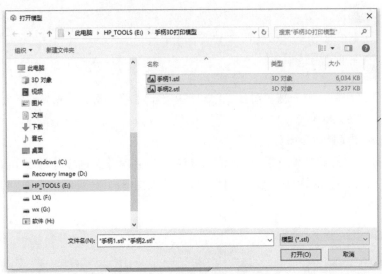

图 5-139　【打开模型】对话框

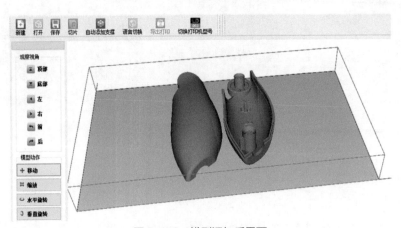

图 5-140　模型添加后界面

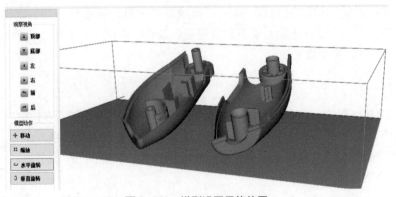

图 5-141　模型设置最终位置

Step 3　添加支撑。分别选中手柄 1 及手柄 2，单击右侧支撑，使用默认数值，在模型底部设置打印支撑，设置完的模型如图 5-142 所示。

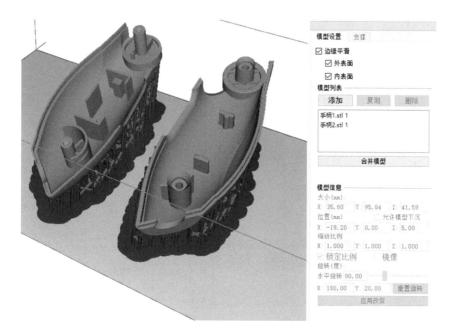

图 5-142　打印支撑设置完的模型

Step 4　切片。选择操作栏处【切片】命令，弹出【保存布局】对话框，如图 5-143 所示，输入文件名"11"，单击【保存】按钮，弹出【切片管理器】对话框，单击【开始切片】按钮，切片完成后如图 5-144 所示，单击【导出打印文件】按钮，弹出【切换型号】对话框，设置参数如图 5-145 所示，电脑插入 U 盘，单击对话框中 U 盘图标，单击【保存】按钮，数据保存完后，弹出【成功】对话框，单击【OK】按钮，切片文件已经保存至 U 盘，后续即可关闭相应对话框及切片软件。

图 5-143　【保存布局】对话框

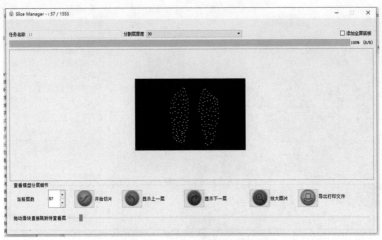

图 5-144　【切片管理器】对话框

图 5-145　【切换型号】对话框

2. 模型打印

Step 1　插入 U 盘。将存有模型切片数据的 U 盘插入设备，设备 U 盘插口如图 5-146 所示。

Step 2　打印设置。单击设备显示屏上的【打印】按钮，选择打印文件，设置打印参数，设置完成后单击【打印】按钮，设备即开始打印，具体如图 5-147 所示。

图 5-146　设备 U 盘插口

图 5-147　设备打印设置

3. 打印后处理

Step 1　取下打印平台。3D 打印完成后，取下打印平台，如图 5-148 所示。

Step 2　酒精清洗模型。打印完成后，模型表面会残留液态的光敏树脂，取模型时请戴手套，用酒精清洗模型表面，如图 5-149 所示。

光固化打印后处理

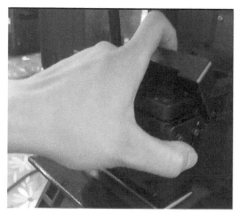

图 5-148　取下打印平台

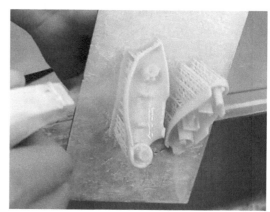

图 5-149　酒精清洗模型表面

Step 3　从打印平台分离模型。用铲子将模型从打印平台表面分离，如图 5-150 所示。

Step 4　去除打印支撑。用钳子剪断打印支撑，如图 5-151 所示。

Step 5　打磨模型。为了使零件表面及装配处更光滑，质量更高，需要对零件用砂纸进行打磨，如图 5-152 所示。

图 5-150　从打印平台分离模型

图 5-151　去除打印支撑

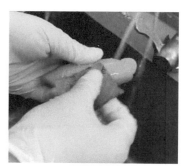

图 5-152　打磨模型表面

Step 6　模型装配。模型打磨完成后如图 5-153 所示，将手柄 1 和手柄 2 装配好后如图 5-154 所示。

图 5-153　打磨后手柄

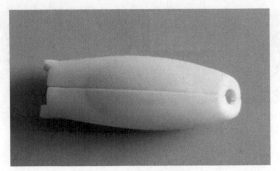

图 5-154　装配后手柄

项目测评

一、单选题

1. Geomagic Wrap 软件可以打开的文件格式不包括（　　）。

　　A. .stl　　　　　　　　　　　　　　　　B. .asc

　　C. .stp　　　　　　　　　　　　　　　　D. .wrp

2. Geomagic Wrap 软件中点云处理不包括（　　）。

　　A. 减少噪音　　　B. 着色　　　　　　C. 体外孤点　　　　D. 删除钉状物

3. Geomagic Wrap 软件中多边形处理阶段不包括（　　）。

　　A. 重划网格　　　B. 封装　　　　　　C. 去除特征　　　　D. 删除钉状物

4. Geomagic Wrap 和 Geomagic Design X 软件的相同之处不包括（　　）。

　　A. 可以对点云进行处理　　　　　　　　B. 可以对点云进行封装

　　C. 可以进行逆向建模　　　　　　　　　D. 可以进行正向建模

5. SLA 打印机的成型方法是（　　）。

　　A. 熔融沉积成型　　　　　　　　　　　B. 光固化成型

　　C. 选择性激光烧结　　　　　　　　　　D. 分层实体制造

二、简答题

1. 本项目中手柄 1 设计的流程是什么？中间用到了哪些软件？

2. 本项目模型可否采用 FDM 的打印机进行 3D 打印？为什么？

参考文献

［1］曹明元 .3D 打印快速成型技术［M］.北京：机械工业出版社，2017.

［2］杨晓雪，闫学文 .Geomagic Design X 三维建模案例教程［M］.北京：机械工业出版社，
2016.

［3］孟献军 .3D 打印造型技术［M］.北京：机械工业出版社，2018.

［4］陈雪芳，孙春华 . 逆向工程与快速成型技术应用 .3 版 . 北京：机械工业出版社，2019.